优质小麦标准化生产与营销

主编　刘现贞　蒋志凯
　　　唐振海　闫玉信

河南科学技术出版社
·郑州·

图书在版编目（CIP）数据

优质小麦标准化生产与营销／刘现贞等主编. —郑州：河南科学技术出版社，2015. 9(2024.8重印)
ISBN 978-7-5349-7942-2

Ⅰ. ①优… Ⅱ. ①刘… Ⅲ. ①小麦-栽培技术-标准化 ②小麦-市场营销学 Ⅳ. ①S512. 1 ②F762. 1

中国版本图书馆 CIP 数据核字（2015）第 223153 号

出版发行：河南科学技术出版社
地址：郑州市经五路 66 号　　邮编：450002
电话：（0371）65737028　65788613
网址：www. hnstp. cn
策划编辑：陈淑芹
责任编辑：张　鹏
责任校对：马晓灿
封面设计：苏　真
版式设计：栾亚平
责任印制：张　巍
印　　刷：永清县晔盛亚胶印有限公司
经　　销：全国新华书店
幅面尺寸：140 mm×202 mm　印张：2. 25　字数：70 千字
版　　次：2015 年 9 月第 1 版　2024 年 8 月第 2 次印刷
定　　价：30. 00 元

《优质小麦标准化生产与营销》
编写人员

主　编　刘现贞　蒋志凯　唐振海　闫玉信

副主编　宋树柏　马华平　董　昀　刘庆伟

编　者　王映红　杨丽娟　刘朝辉　盛　坤

付　亮　赵酒林　李晓航　程玉民

周德慧　冯春成　陈庆义　杨永升

前 言

小麦是人类最重要的粮食作物之一，具有很高的营养价值和经济价值。

我国小麦产量和消费量一直都在 1 亿吨左右，位居世界第一。小麦生产关乎我国粮食安全和主产区农民的经济收入。以往几十年，我国的小麦生产多以提高产量为目的，解决了十几亿人的温饱问题，但受传统农业的影响，小麦生产一直是千家万户的小农经营，田间管理也千差万别。导致产品质量一致性差，市场竞争力不强。

目前，我国正处于从传统农业向现代农业转变的关键时期，我国农村的土地流转已初见成效，农业专业合作社、家庭农场等涉农企业的发展方兴未艾，小麦及其他农产品规模化、标准化生产的条件已经成熟。但是，由于农村技术与营销人员的缺乏，迫切需要一大批懂技术、会经营的引领人才，才能实现农产品规模化、标准化生产和营销。小麦产品在一开始的生产阶段就瞄准市场，按市场需求和标准去科学的生产，既可以增加产品产量，又可以提高产品质量，并利用营销策略，从而获得高效益。

编写此书的目的旨在起到抛砖引玉的作用，呼吁更多的有识之士，加入到农产品规模化、标准化生产与营销的工作中去。使我国的农产品既高产优质，又增加营销渠道，提高现代营销水平，占领国内、国际市场。

本书在编写过程中，得到国家小麦技术体系新乡试验站、郑州商品交易所等有关专家的大力支持，在此一并感谢。

由于我们水平有限，书中不妥之处，敬请广大读者批评指正。

编者

2015 年 5 月

目 录

一、我国小麦生产与消费概述

（一）我国小麦生产状况

我国是农业大国，小麦在农业生产中占据十分重要的地位。我国小麦播种面积基本稳定在3.3亿~3.6亿亩。播种面积较大的省份依次是河南（约8 000万亩）、山东、河北、安徽和江苏，这5个省的小麦播种面积占全国播种面积的62.3%。

我国小麦单产水平近几年不断提高。2008~2009年我国小麦单产为326千克/亩，单产水平高于全国平均水平的省份依次是河南、山东、江苏、河北和安徽。

我国小麦总产量近几年连续提升，每年总产量都在1亿吨以上。2008~2009年我国小麦总产量约1.125亿吨，总产量较高的省份依次是河南、山东、河北、江苏、安徽等，这5个省的小麦产量占全国小麦总产量的73%。

小麦生产关系到国家的粮食安全，关系到主产区群众的经济收入，关系到我国物价的稳定。近十几年来，小麦生产长期受到国家各级政府的重视和支持，小麦生产保持稳定发展、连年增产。

（二）我国小麦消费状况

我国既是小麦生产大国，也是小麦消费大国，生产量和消费量都保持在1亿吨左右。国内小麦主要用于国内消费，基本保持供求平衡格局。我国小麦主要用于食用，制粉消费中约75%的小麦形成面粉，5%形成次粉，20%形成麸皮。小麦直接饲用及工业消费比例不大。随着人们生活水平的提高，近几年，制粉消费稳中有降，饲用及工业消费不断增加。

小麦籽粒含有丰富的淀粉和蛋白质，少量的脂肪，还有多种矿物质元素和B族维生素。小麦含有面筋，适于烤面包、蒸馒头、制面条、制饼干、糕点、烧饼。小麦籽粒还可作为制葡萄糖、白酒、啤酒、酱油、醋的原料；麦粉经细菌发酵后，可提制味精。麸皮和不适于制粉的小麦主要用于饲料，麸皮是优质饲料。麦秆可做粗饲料、褥草、造纸原料、堆制或还田做肥料，以及编织手工艺品等。

在世界主产小麦的国家里，小麦主要的用途是烘烤面包类的食品，所以，硬质小麦即指的是面包小麦，而软质小麦则指的是适合烘烤蛋糕和饼干的小麦。而在中国则不同，根据中国人的饮食习惯，小麦面粉的主要用途是制作面条和馒头，粗略估计面条类占总消费量的40%以上，馒头类约占30%。而烘烤的面包和蛋糕、饼干等只占一小部分，据估算硬质小麦与软质小麦分别占7.5%左右。目前中国所生产的小麦绝大部分都应该属于半硬质小麦。随着人们生活水平的提高，适宜制作面包的硬质小麦的消费呈上升趋势。

中国小麦按粉质仪所测定的稳定时间作为面筋强弱的指标，分为强筋小麦（稳定时间≥7分钟）、中筋小麦（3~7分钟）和弱筋小麦（≤3分钟）三类，强筋小麦适用于制作面包，也适用于做某些面条和用于配制小麦，中筋小麦适用于制作面条、饺子和馒头等，而弱筋小麦适用于制作饼干、糕点等食品。面粉加工企业利用配麦和配粉的技术，按照所需要的食用品质指标调配出各种的专用粉，像面条专用粉、馒头专用粉、饺子专用粉、油条专用粉以及中式点心专用粉等。

二、小麦贸易市场

我国加入世界贸易组织（WTO）后，农产品在经营上开始逐渐对外开放。小麦贸易市场按市场类型划分为三种：一是种子市场，二是现货市场，三是期货市场；小麦市场按区域划分为国际市场和国内市场。

（一）种子市场

目前我国小麦生产上应用的是常规种子——原种或良种，由于生产简便，投资较少，多数农场、合作社、农户在技术人员指导下便可生产，也可获得高于商品粮价格20%~30%的利润。无种子经营资格的单位，在种子生产前需要和种子经营单位签订合同，才能保证双方的利益。但是，由于小麦播种期的限制，各地小麦种子的经营时间不同，黄淮麦区小麦种子的经营时间为每年的6~10月。

（二）现货市场

全世界小麦及小麦粉贸易量庞大，我国小麦现货贸易量占国内总产量的80%以上，近几年小麦主产区50%以上的产品按照国家最低托市价收储国库，然后再轮换拍卖出去。由于我国政策的主导作用，目前我国小麦的市场价格高于国外小麦主产国。十几年来小麦市场价格在国家政策主导下平稳上涨，短期变化同国内国际宏观经济波动也有一定关系。反过来，小麦价格的上涨也对最近 10 年我国小麦生产产生较大推动作用，推动我国小麦生产出现十连增；生产规模也逐渐从千家万户的传统农业向规模化、标准化、优质专用化的现代农业转变。优质专用小麦不再是外国人的专利，它也成了我国小麦家族的新亮点，价格不断飙升并刷新纪录。

十几年来，我国小麦价格由 2002 年的 1 091 元/吨，上涨到 2014 年的 2 360 元/吨，年均增长幅度为 7. 3%，其中，2002 年、2005 年及 2006 年的价格出现一定幅度下降，2006 年价格下降达到 7. 62%；2004 年小麦价格上涨明显，年度价格上涨的幅度达到 33. 37%；上涨幅度仅次于粮食市场从 1992 年放开后的 1994 年与 1995 年，2004 年的过度上涨带来 2006 年后期一定幅度的回调。

2006 年春季小麦价格持续下行，为防止小麦价格过度下降影响粮食生产，麦收期间，国家公布了小麦最低收购价政策，中储粮大量收购当年新小麦，以最低收购价收购量超过 4 000 万吨，起到了有效稳定粮食价格的作用。2006~2014 年的小麦价格在国家政策的推动下，出现相对平稳的上涨。其间，国家提高小麦最低收购价的平均涨幅为 7. 27%，小麦实际价格的上涨幅度为 7. 18%，二者的涨幅基本一致。

（三）期货市场

早在 1974 年，小麦合约就在美国芝加哥期货交易所上市。随后美国的堪萨斯期货交易所、法国国际期货交易所、英国伦敦国际金融期货期权交易所、澳大利亚悉尼期货交易所、加拿大温尼伯格商品交易所等，也相继推出小麦合约上市交易。我国则在 1993 年推出硬冬白麦（普麦）合约在郑州商品交易所上市交易，2003 年强筋小麦（郑麦）合约在郑州商品交易所上市交易。两品种上市以后价格运行逐渐与国际接轨，与美国芝加哥期货交易所、堪萨斯期货交易所的小麦期货价格走势有明显的相关性。而且，随着近年来我国小麦品质的提高，尤其是在小麦期货的影响和带动下，面粉加工企业逐渐利用国产小麦替代进口小麦，加快了我国小麦市场与国际的接轨。优质强筋小麦期货交割的品质标准见表2–1。

表2–1 优质强筋小麦期货交割的品质标准

	籽粒							小麦粉		
指标项目	容重（克/升）	水分（%）	不完善粒（%）	杂质总量（%）	矿物质	色泽气味	降落数值（秒）	湿面筋（%）（14%水分基）	拉伸面积，（平方厘米）（135分钟）	面团稳定时间（分钟）
一等	≥770	≤12.5	≤6.0	≤1.0	≤0.5	正常	≥300	≥30.0	≥90	≥12
二等										≥8

注：（1）一等优质强筋小麦升贴水30元/吨。

（2）标准品交割价=交割结算价。

（3）替代品入库注册仓单时，按照规定的升贴水（升贴水，是指在确定远期汇率时，是通过对汇率走势的分析确定其上升还是下跌）标准转化为统一的标准仓单。

（4）同等级优质强筋小麦的不完善粒在6.0%~10.0%（其中，霉变粒≤2.0%）贴水（贴水，是指远期汇率低于即期汇率）10元/吨。

郑州小麦期货是目前交易的农产品期货中最大的品种之一，2009年强筋小麦全年成交13 670万吨，成交金额2 903.73亿元，硬冬白小麦全年成交40.3万吨，成交金额7.7亿元，在同期全球交易小麦的七大期货交易所中交易量排名第二。其价格走势也有很强的规律性，一般来说，小麦的长期走势（3~5年）由宏观经济形势及粮食总供求关系决定；中期走势（1~2年）主要受年度产量预期、库存量变化以及相关农业政策、进出口政策的影响；短期走势（3~5个月）受季节性波动周期的影响比较大。小麦价格表现出明显的季节性波动规律。一般地每年冬小麦上市后的6~7月为小麦的供应旺季，价格最低。从9月开始，小麦消费进入旺季，现货价格稳步上升，春节左右，小麦消费进入高峰期，小麦价格也升至年内高点。如强筋小麦的9月合约在2011年2月的最高价格达到3 110元/吨，比当年国储一等白麦托市价1 980元/吨高出1 120元/吨；同期的硬冬白麦的9月合约价格也达到2 482元/吨，比托市价高出502元/吨；最高价曾达到2 663元/吨。春节过后价格逐步回落，在4~5月青黄不接时，价格会略有反弹，随后一直回落到6~7月的低价区，如此循环往复。当然，受其他因素影响，这一规律也会有所变化，比如有些年份4~5月小麦产区常常进行陈化粮、库存小麦的拍卖，制约了这一期间小麦价格的回升。

小麦期货上市后，涉农企业积极参与套期保值业务，据2008年统计，参与者有1 310家法人投资者，2009年增加到2 836家。由于龙头企业的带动作用使小麦产业从自由生产向订单生产过渡。2003~2014年强筋小麦期货9月合约月K线走势如图2-1所示。

通过对我国小麦贸易市场的了解分析，总结出以下特点：

（1）贸易量从多到少依次为期货市场、现货市场、种子市场。

（2）价格从高到低依次为种子市场、期货市场、现货市场或期货市场、种子市场、现货市场。

（3）价格振幅从大到小依次为期货市场、种子市场、现货市场。

（4）经营时间由长到短依次为期货市场、现货市场、种子市场，或现货市场、期货市场、种子市场。

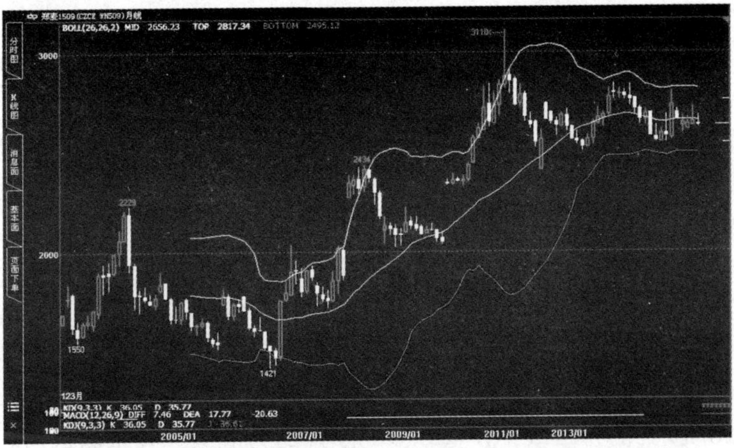

图 2-1　2003~2014 年强筋小麦期货 9 月合约月 K 线走势

附：小麦品质评价名词解释

评价小麦品质的优劣，是通过一系列方法测定其籽粒、面粉和制成品等多种特性来确定的。根据对具体样品的测定数据，可以判定其属于何种类型的品种，适合制作何种食品。为了便于了解优质小麦类型的划分标准，现将有关主要品质参数加以介绍。

1. 出粉率　出粉率是单位重量籽粒所磨出的面粉与籽粒重量之比。在比较同类小麦出粉率时，应制成相同灰分含量的面粉来比较。小麦出粉率高低直接关系到制粉企业的经济效益。出粉率高低与许多因素有关，如籽粒大小、籽粒形状、种皮厚薄、籽粒硬度等。除遗传因素外，自然环境和栽培措施对出粉率也有较大影响，如小麦灌浆后期持续高温、倒伏等引起籽粒千粒重下降，出粉率也下降。

2. 面粉灰分　面粉灰分是各种矿质元素、氧化物占籽粒或面粉的百分含量，是衡量面粉精度的重要指标。一般发达国家规定的灰分含量在 0.5%以下。我国新制定的小麦专用粉规定，面包用小麦粉灰分≤0.6%，面条和饺子粉≤0.55%。小麦面粉中的灰分与出粉率、籽粒清理程度以及籽粒本身的灰分含量有关。

3. 面粉白度 面粉的白度是磨粉品质的重要指标，已被列入国家面粉标准的主要检测项目。小麦面粉的白度与小麦籽粒的皮色、质地软硬、面粉粗细度和含水量有关。在制粉过程中，高质量的麦心在制粉前路提出，颜色较白，而后路出粉的颜色深，灰分含量高。

4. 容重 容重是指一定容积内籽粒的重量。小麦容重是鉴定磨粉品质的重要综合指标，为世界多数国家所采用。目前，我国粮食部门按照容重对小麦进行分级：容重>790 克/升的为一级，容重>770 克/ 升为二级，容重>750 克/升的为三级，容重>730 克/升的为四级，容重>710 克/升的为五级。容重高低与籽粒硬度、形状、饱满度、均匀度有关。一般籽粒饱满、大小均匀、质地硬的小麦，容重高，出粉率高，灰分低，商品价格也高。

5. 蛋白质含量 蛋白质是小麦籽粒的主要成分，对小麦的营养品质和食品加工品质都有十分重要的影响。因而，小麦籽粒蛋白质含量和质量，是小麦营养品质和加工品质的重要指标之一。小麦籽粒蛋白质根据其在不同溶剂中的溶解度，可分为清蛋白、球蛋白、醇溶蛋白和谷蛋白四种成分。其中，清蛋白和球蛋白是代谢活性蛋白，约占蛋白质总量的 20%；醇溶蛋白和谷蛋白是储藏蛋白，约占 89%，是面筋的主要成分。二者的含量和比例，关系到小麦食品加工品质。小麦籽粒蛋白质含量因品种和栽培环境不同有很大变化。我国品种小麦和商品小麦的蛋白质含量平均为 12%~ 13%，生产上 80%小麦品种的蛋白质含量在 12%~16%。蛋白质含量对食品品质影响很大，含量在 15%以上的适于做面包，10% 以下的适于做饼干，12. 5%~13. 5%的适于做面条、馒头等。

6. 面筋含量 小麦面粉经加水揉制成面团后，在水中揉洗，淀粉和麸皮微粒呈悬浮状态分离出来，其水溶性和溶于稀盐液的蛋白质被洗去，留下的具有弹性的胶皮状物质，即为面筋。小麦面粉之所以能加工成种类繁多的食品，就在于它有特有的面筋。面筋是较为复杂的蛋白质水合物，其主要成分是醇溶蛋白和谷蛋白。当面粉加水和成面团时，二者相互按一定规律结合，形成一种具有弹性的网状结构，其他成分如脂肪、淀粉和水都包藏在其中，从而可以制成具有延伸性和弹性的面包、馒头、拉面等食品。我国小麦面筋含量一般在 17%～50%，多数小麦品种在 24%～40%。国际上根据湿面筋含量将小麦粉分为四等，即高筋粉（≥30%）、中筋粉（26%～30%）、中下筋粉（20%～26%）和低筋粉（<20%）。也有根据干面筋含量将小麦粉分为三等，即高筋粉（>13%）、中筋粉（10%～13%）、低筋粉（<10%）。高筋粉适于加工面包，低筋粉适于加工饼干、糕点，中筋粉适于加工馒头、面条等。

7. 沉降值 沉降值又名沉淀值，是测定小麦品质的综合指标，是由沉降试验而得。其原理是一定量的小麦粉在特定条件下，在弱酸介质作用下吸水膨胀，形成絮状物并缓慢沉淀，在规定标准时间内的沉降体积，称为沉降值，以毫升表示。沉降速度和体积反映了面筋含量和质量，是衡量烘烤品质的重要指标。测定值越大，表明面筋强度越大，面粉的烘烤品质就越好。

8. 降落值 降落值是测定小麦面粉中的 a-淀粉酶活性的指标，也是检测小麦在收打、储运过程中是否发芽的间接指标。降落值高，说明淀粉酶活性低，种子发芽程度低；反之，降落值低，表明酶活性强，种子发芽程度高。

9. 面团流变学特性 面团制作是各种面食品的必要加工过程，小麦面粉的品质好坏可以通过测定面团的流变学特性准确地得到鉴定。目前国际上普遍采用的测定仪器是粉质仪。其评价参数主要有：面粉吸水率、面团形成时间、稳定时间、软化度、评价值等。

（1）吸水率：是指在加水和面过程中，面团达到最大黏稠度 500B. U. 时所需的加水量，以占 14%湿基面粉重量的百分数表示。吸水率高的面粉，在食品制作时可以提高单位重量小麦粉的面包出品率，而且能做出疏松柔软、存放时间较长的优质面包。而烘烤饼干则要求吸水率低，通常蛋白质含量高的面粉吸水率高。我国优质小麦新标准规定，强筋粉的吸水率≥ 60%，弱筋粉的吸水率≤56%。

（2）形成时间：从开始加水直至面团达到最大黏稠度所需的揉面时间，以分钟表示。面团形成时间与面筋的质和量有密切关系。面筋含量高且质量好的面粉，面团形成时间较长。

（3）稳定时间：是指粉质图曲线首次穿过 500B.U.标线起到再次回落穿过 500B.U.标线时的时间。它表示面团的耐搅拌程度。稳定时间越长，说明面团的韧性越好、面筋的强度越大、面团加工性能越好。美国面包粉的稳定时间要求为（12±1.5）分钟。我国规定强筋粉稳定时间≥7 分钟，弱筋粉稳定时间≤2.5 分钟。

（4）软化度：又称弱化度，是指粉质图曲线中心与峰值过后 12 分钟时的曲线中心二者之差，用 B. U. 表示。它反映面团的耐搅拌能力，也代表面筋的强度。软化度越大，面筋强度越弱，面团越易流变，变软发黏，面包烘烤品质差。美国面包粉要求软化度在 20~50B.U.。

三、小麦现代营销技术

小麦营销分为小麦种子市场营销和商品粮市场营销。在国家政策、国外种业、粮食产业等多方面因素的影响下，小麦种子市场竞争将更加多元化和白热化。可以预见未来种业的竞争是科技含量、网络建设、营销手段等非价格因素的竞争。种子营销本文不再赘述，主要讲小麦商品粮市场营销。

（一）我国小麦商品粮市场现状

我国小麦播种面积常年稳定在2 200万~2 400万公顷，适宜种植强筋小麦的面积较少，年际间也不稳定，但是强筋小麦的现货、期货贸易量较大，随着人们生活水平的提高，需求量也逐年上升，这就为强筋小麦提供了商业机会。

1. 影响小麦现货、期货价格的因素分析 小麦现货、期货交易前都要认真做好市场调查，了解影响小麦价格的各种因素，预测价格走势，制订正确的交易计划并贯彻执行，才能在市场上立于不败之地，取得良好效益。

（1）国家政策的主导作用：小麦是我国的大宗农产品，其产量高低，库存多少，关系国家的粮食安全。多年来，各级政府非常重视小麦生产，近10年来，国家相继出台了良种补贴项目、黄淮海综合开发项目、优质麦基地项目、大面积高产创建项目等，特别是国家连年出台的小麦最低保护价收储政策，使小麦价格从2006~2014年出现相对较为平稳的变动上涨。其间，国家提高小麦最低收购价的平均涨幅为7.27%，小麦实际价格的上涨幅度为7.18%，二者的涨幅基本一致；价格的上涨又反过来刺激小麦连年增产。

（2）气候因子对小麦价格的影响：气候因子通过对小麦产量、质量的影响进而会影响到价格。冬小麦是越年生作物，生育期较长，在不同的生长阶段需要相适应的生长环境。如果出现异常天气，将对小麦产量、质量造成不利影响。

天气对农产品价格的影响非常大，美国的期货投资家们除了关注农业部的供需报告外，最关注的莫过于天气因素了。我国冬小麦种植时间为10月上旬（寒露后）至下旬，小麦生育期为230天，收获期在5月下旬至6月初。冬小麦生长期大约为8个月；春小麦播种期为3月底（或4月初），收获期为8月底（或9月初）。在此期间气候因素、生长情况、收获进度都会影响小麦产量，进而影响小麦价格。因此，一定条件下可以说天气决定产量，天气决定价格。

相对于硬冬白小麦来说，优质强筋小麦的品质受气候影响更大。优质强筋小麦品质在不同区域和年度间差异主要是气候条件不同引起的，从而影响达标产量。

直接影响优质小麦品质的气候因素主要是温度、光照和湿度。一般来说，在日均温度30℃以下时，随温度升高，品质改良，但超过30℃以后反而影响品质。干热风会降低籽粒容重、产量和湿面筋含量。降水过大会影响氮素的供应，而氮素又会影响湿面筋的含量。后期干旱会导致产量下降，但可以改善品质。小麦成熟后期高温可以使优质强筋小麦延伸性明显降低，甚至不及普通小麦，2002年5月，小麦扬花期由于连续降雨，气温较低，导致河北优质小麦8901品质大幅度下降，稳定时间指标平均从上一生产年度10分钟以上，降低到8分钟左右。延伸性也有明显下降。相反，由于气候适宜，2002 年豫北地区的豫麦 34 品质明显上升，不仅受到面粉加工企业的青睐，而且出口到东南亚地区。2003 年收获期间雨水较多，主产省小麦质量普遍下降(包括物理指标和化学指标)。2003 年 7 月至 2004 年 4 月强筋小麦的现货、期货同时出现了大幅度上涨，同期的期货 9 月合约从 1 579 元/吨上涨到 2 229 元/吨，每吨上涨 650 元。

（3）小麦的供给与需求对价格的影响：世界上年产小麦 2 000万吨以上的大国有澳大利亚、加拿大、中国、印度、俄罗斯和美国。在各主产国中，国内的小麦消费水平各有差异，自产小麦满足国内消费后有余麦外销的有澳大利亚、加拿大和美国，自产小麦不能平衡国内消费需求，需要进口小麦来弥补缺口的有中国、印度、俄罗斯。近年来由于小麦进口国注意发展国内生产，平衡国内供需，小麦国际贸易格局发生较大变化。

在国际小麦市场上，澳大利亚、加拿大和美国的小麦产量和供应量对小麦价格的影响较大。

我国是农业大国，小麦产量、消费量在世界上居于首位，2000~2004 年由于我国小麦种植面积连续四年减少，小麦产量也连续四年减少，国内市场供给主要靠挖库存补充缺口。2005 年我国小麦产量预计为 9 170 万吨，较上年增长 5%。根据国家粮油信息中心的测算，2003 ~ 2004 年度我国小麦总供应量合计 8 824万吨，年度总需求量合计 10 796 万吨，供需缺口 1 972 万吨。2004 ~ 2005 年度总供应量 9 856. 3 万吨，年度总需求量 10 458万吨，供需缺口 601. 7 万吨，缺口缩小。2005 ~ 2006 年度总供给量 9 472 万吨左右，年度总需求量较上年稍微减少，但 10 390万吨的总需求量仍然大于总产量和进口量，供需缺口需要动用库存来弥补，优质小麦需求量也呈刚性增长。所以，国际市场小麦价格从 2002 ~ 2006 年出现阶段性上涨，2007 ~ 2008 年大幅上涨，国内市场联动上涨。

（4）与相关农产品的比价关系：

1）小麦与棉花的比价关系：棉花属于关系国计民生的经济作物，小麦作为大宗粮食品种，根据种植比较效益，小麦与棉花的合理粮经比价应为1∶（8~9）。2003年新棉价格从每吨14 000元上涨到18 000元，与小麦的粮经比价一度达到1∶12，比价明显不合理。2004年棉花种植前，受过高的粮经比价的带动，农民种棉积极性高涨，自动调整种植结构，增加棉花的种植，相应就会减少小麦的种植面积，从而影响小麦价格。

2）小麦与玉米的比价关系：多年以来小麦和玉米价格有着一定的比价关系。究其原因：一是以前玉米也是国民主要口粮之一，与小麦有一定替代关系；二是近年来小麦价格低迷，陈化小麦以及质量较差的小麦价格更低，因此，小麦用作饲料、酒精原料等增加，与玉米的替补关系较强。

随着国民生活水平的提高，当前国内只有少量玉米用于口粮消费，而且由于供求关系的好转，以及陈化小麦基本被消化的原因，小麦的工业消费有所降低。这样一来，小麦和玉米长期以来的比价关系就会有所改变。所以，要用发展的眼光来判断小麦和玉米的比价关系。

在华北地区、黄淮地区小麦产区也是国内夏玉米产区，小麦与玉米间存在着非常强的比价关系。多年的市场实践显示，小麦与玉米的合理比价大致为1∶0.9。2004年小麦、玉米价格走势如图3-1所示。

（5）国际国内政治、经济形势的影响：国内经济形势的变化，特别是国民经济景气指标的变化，将直接影响农产品期货价格的变化。当国内消费价格指数偏高时，投资者要考虑未来走势。当国家宏观经济宽松时，社会发展稳定，资金供应量较为充足，不仅经济发展速度加快，而且投入期货市场的资金也增多，反之亦然。

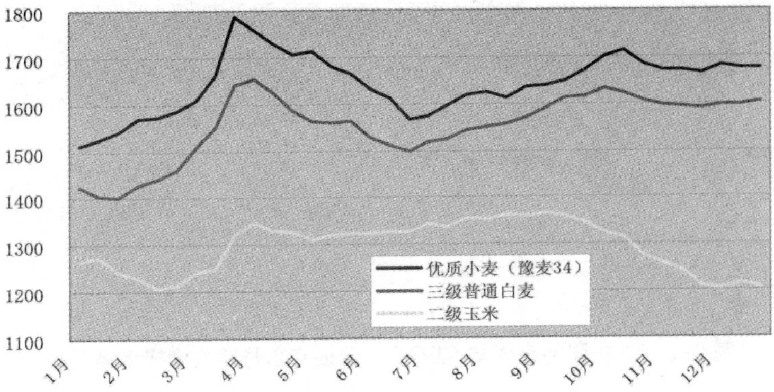

图 3-1　2004 年小麦、玉米价格走势

世界经济景气与否是决定商品期货价格走势的重要因素之一。当经济景气时，生产扩张，贸易活跃，从而引起商品需求的增加，推动期货价格的上涨。另外，国际原油价格和海洋航运等的变化，美国相关农业政策的变化，以及国际政治局势的变化等，都将引起小麦期货价格的波动。

（6）国际市场联动性：随着国际一体化进程的发展，世界上主要小麦期货市场价格的相互影响在日益增加，我国国内市场与国际市场小麦价格波动逐步显现联动振荡趋势，国内小麦价格与国际市场价格的差距也在不断发生变化。例如郑州强筋小麦与CBOT 小麦近交割月期货价格走势对比如图 3-2 所示。

（7）其他因素：经济周期是市场经济的基本特征，经济周期一般由复苏、繁荣、衰退和萧条四个阶段组成，商品价格包括小麦的价格也会随之波动；小麦替代品的发展情况，小麦以及以小麦为原料的产品的生产方法和消费结构的长期变化、国际汇率尤其是美元汇率的变化、利率的变化、运输成本与难易等其他因素的变化，也会对小麦价格的走势产生一定的影响；通货膨胀率、消费习惯等因素也会对小麦价格产生一定的影响；收购市场

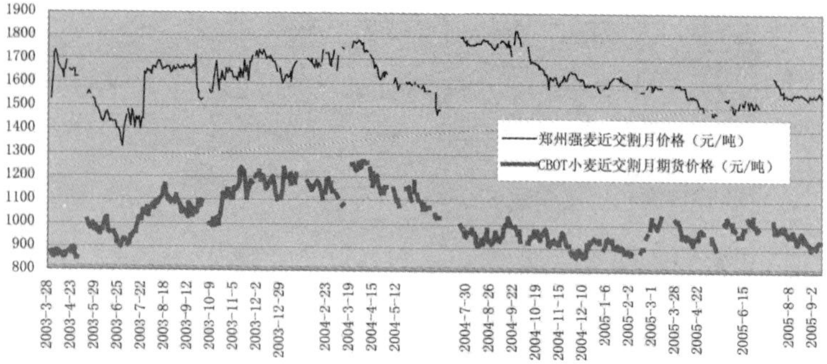

图 3-2　郑州强筋小麦与 CBOT 小麦近交割月期货价格走势对比

的竞争、种植成本和收益比较、市场投机因素和心理因素在一定期间也会对现货、期货价格波动产生较大的影响。

了解影响小麦价格的各种因素，在进行交易前要认真做好市场调查，预测价格走势，制订正确的交易计划并贯彻执行，才能在市场上立于不败之地，取得良好效益。

（二）我国小麦期货、现货交易策略

1. "订单+期货"创新发展新模式　河南金粒麦业公司近年来按照"公司+专业协会+农户"的运作模式，实施优质专用小麦产业化开发，积极开展期货经营，拓展了经营领域，促进了农业产业化经营的深入发展。

（1）树立现代化营销思想，在人才、技术等方面为企业参与期货经营创造良好的基础。

中国加入 WTO 后，随着粮食流通体制改革的不断深化，粮食购销市场放开和竞争主体多元化，给国有粮食企业带来了新的机遇和挑战。在新的形势面前，企业领导班子以新思想、新思路发展现代化营销，谋求企业新发展。优质强筋小麦挂牌上市以前，企业领导就带头学习期货交易的有关知识，并组织基层企业领导和经营管理人员到郑州参加期货知识培训，多次邀请郑州商品交易所及期货业界人士到延津考察指导工作，为我们参与期货经营奠定了基础。

（2）完善“订单+期货”的运作模式，实现产业化经营与期货交易的良性互动，共同发展。

农民一家一户的小生产，致使农业生产和农民走向市场的组织化程度较低，小麦质量不一，品种混杂，是影响优质强筋小麦发展的主要因素。同时，由于农业生产的风险性和翌年市场的不确定性，也为企业实施产业化经营、发展订单粮食定价问题造成了很大困难。期货市场小麦上市为涉粮企业提供了绝好的投资渠道和规避风险的场所，又为价格走势提供了方向标。河南金粒麦业公司利用期货市场特有的发现价格与规避风险两大功能，实行“订单+期货”的经营模式，不仅完成了从单纯现货经营到期现货并举。全员负责联系村里的种植农户，使其所联系农户做到“五统一”即：统一供种、统一管理、统一施肥、统一防治、统一收割，以保证优质麦品质的一致性和稳定性。小麦协会一头连企业，一头连农户，通过中心会员与农户签订订单、统一种子及农资配送、大田管理，组织农户单收、单打、单存，并组织农户到粮食购销企业单品种交售订单粮食，有效提高了农民组织化程度，为提高订单履约率、提高粮食品质提供了组织保障，也给期货现货结合、做好套期保值工作打下了坚实的基础。

（3）实施标准化生产，为企业参与期货经营提供物质保障。

无论是期货市场还是现货市场，对小麦的基本要求是：内在品质好，一致性强，商品量成规模，三者缺一不可。为达到上述目标，河南金粒麦业公司积极实施优质强筋小麦的标准化生产，组建了金粒农技服务中心，聘请了高级农艺师和专家，招聘了农业大专院校毕业生，配备了专门车辆，负责优质小麦生产的技术服务和开发，使标准化生产有了组织保证，并与金粒小麦协会相结合，形成了全新模式的农技推广体系。①建立了高标准种子田15 000亩，其中包括三圃田500亩，实验田50亩，引进对照品种20个。②与农业、技术监督、环保等部门合作，在全国首家制定了《优质专用小麦无公害生产标准》，已经被河南省技术监督局作为地方标准推广。③通过认真组织落实，河南金粒麦业公司已有45万亩生产基地通过了河南省无公害农产品的产地认证，并已成为国家级小麦标准化生产示范区之一。④投资230万元筹建了优质专用小麦监测检验中心，能够满足对小麦产品、农业投入品、基地农业生态环境及小麦生产全过程实施质量安全监测的需要。⑤在储粮环节广泛使用以臭氧杀虫、杀菌为主的绿色储粮技术。区域化布局、标准化生产和科技支撑赋予了金粒小麦良好的内外在品质和高度的一致性，深受广大用户欢迎，同时也大大满足了期货套保注册仓单的需要，2003年强麦上市以来，河南金粒麦业公司生产的优质小麦至少有5万吨进入了期货市场。

（4）按照期货套保原理，推行保值订单，促进夏收工作，确保粮源。

2004年是全面实行粮食购销市场化的第一年，夏粮收购不再实行政府定价、行政催缴和集中收购。多主体参与、多元化竞争等多种因素，对国有粮食企业的主渠道地位带来前所未有的挑战。由于小麦开秤价格低于农民心理预期，加之对后市普遍看好，农民惜售心理重。河南金粒麦业公司借助期货与现货并举的经营优势，利用期货套期保值的基本原理，采取了保值储粮、保值订单等多种形式，消除农民惜售心理，千方百计掌握粮源。

农民售粮有多种形式可供选择。一是先把粮食存到公司，待日后认为价格理想了再进行结算；二是现款现粮，按照订单及时结算；三是与公司签订了保值订单的农户，可以把粮食存到公司后，到9月底进行结算，结算价格为7月、8月、9月3个月中的最高市场价格，确保农民能享受粮价上涨的收益。企业也可以在减少资金占用量的同时掌握粮源，并节省 3 个月的银行利息，避免农民在家中存粮造成的品质下降。在此期间粮价上涨给企业造成的风险，则由企业通过期货经营在期货市场上规避，如果利润较大还可二次返利。这些做法受到了广大订单农户的普遍欢迎。由于河南金粒麦业有限公司采取保值订单等灵活多样的收购方式，收购量不减反增，截至 2004 年 9 月底，河南金粒麦业公司夏粮收购量已达 15 万吨，其中优质专用小麦的订单收购量达到 10 万吨，收购订单种子粮5 000吨，在收购市场上牢牢占据了主渠道地位。

（5）通过参与期货交易取得的成效。

一是提高了企业的经营能力，拓宽了粮食的销售渠道，增加了企业的经济效益。除了在期货市场上实现盈利外，对现货市场的经营起到了良好的指导作用，企业形成了稳健的经营作风。企业实力明显增强，职工收入大幅提高。

二是提高了农民收入，促进了农业产业化经营的深入发展。通过期货市场的套保操作，保证了对农民的履约和二次分配，订单履约率达到了 100%，农民累计增收7 000多万元，真正与粮食企业结成了“风险共担、利益共享”的利益共同体。

三是促进了优质专用小麦产业的快速发展。目前延津县优质专用小麦种植已经形成了区域化、规模化、专业化的生产格局，种植面积已由 5 年前的 8 000 亩增长到如今的 56 万亩，占全县耕地面积的 90%以上，其中订单种植面积 45 万亩，并形成了成方连片、因地选种、规模种植、科学管理的新格局。

未来几年，河南金粒麦业公司将继续采取期货、现货并举的经营策略，按照“企业做强、基地做大、产业做优”的发展思路，不断完善“订单+期货”的运作模式，以期取得良好的经济效益。

2. 种子企业期货套现货　种子企业为了对冲种子生产过剩

引起的亏损，在期货市场进行套期保值交易和期货转现货交易。

如某种子公司2005年秋播繁育强筋小麦种子20多万亩，播种后了解到同行也增加了播种面积。企业分析了市场行情后认为2006年种子积压的可能性很大，同时在调查现货期货市场时发现2006年1~2月两个市场都出现了上涨行情，期货同期的9月合约价格为1 703~1 782元/吨。麦收后的6~7月量大的现货市场会跌价，也会引起期货市场的下跌，于是该企业在2月以1 740元/吨卖空2 000吨（卖期保值交易），到了6~7月期货市场下跌至1 500元/吨时平仓了结，每吨价差240元，共盈利48万元，对冲种子积压引起的亏损。2006年10月种子经营结束后，经过检测，有1 500吨种子符合强筋小麦交割标准，注册成了仓单，又于2007年1月以1 850元/吨的价格在期货市场进行了交割，超过了种子收购价50元/吨，减去各项费用后，此批种子没有产生亏损。

到了2007年麦收后，强筋小麦种子俏销，该公司又从期货市场把该批（1 500吨）种子以1 800元/吨的价格买了回来，经检测种子发芽率87%，种子达到合格标准。到种子市场售出2 400元/吨的高价，每吨价差600元，毛利90万元。完成了期货转现货交易。

硬冬白小麦期货合约见表3-1。

表3-1　硬冬白小麦期货合约

交易单位	10吨/手
报价单位	元/吨
最小变动价位	1元/吨
每日价格最大波动限制	不超过上一交易日结算价格的±3%
合约交割月份	1月、3月、5月、7月、9月、11月
交易时间	每周一至周五上午9：00~11：30，下午1：30~3：00

续表

最后交易日	合约交割月份的倒数第 7 个交易日
交割日期	合约交割月份的第 1 个交易日至最后交易日
交割品级	标准交割品：二等硬冬白小麦符合 GB 1351—1999 替代品及升贴水见《郑州商品交易所交割细则》
交割地点	交易所指定交割仓库
交易保证金比例	合约价值的 5%
交易手续费	2 元/手（含风险准备金）
交割方式	实物交割
交易代码	WT
上市交易所	郑州商品交易所

优质强筋小麦期货合约见表 3-2。

表 3-2　优质强筋小麦期货合约

交易单位	10 吨/手
报价单位	元/吨
最小变动价位	1 元/吨
每日价格最大波动限制	不超过上一交易日结算价±3%
合约交割月份	1 月、3 月、5 月、7 月、9 月、11 月
交易时间	每周一至周五上午 9：00~11：30，下午 1：30~3：00
最后交易日	合约交割月份的倒数第 7 个交易日
交割日期	合约交割月份的第 1 个交易日至最后交易日
交割品级	标准交割品：符合郑州商品交易所期货交易用优质强筋小麦标准（Q/ZSJ 001—2003）二等优质强筋小麦 替代品及升贴水见《郑州商品交易所交割细则》
交割地点	交易所指定交割仓库
交易保证金	合约价值的 5%

续表

交易手续费	2元/手（含风险准备金）
交割方式	实物交割
交易代码	WS
上市交易所	郑州商品交易所

3. 期货价差交易 期货价差交易也叫投机交易或价差投机，是指投机者通过对价格的预期，在认为价格上升时买进、价格下跌时卖出，然后待有利时机再卖出或买进原期货合约，以获取利润的活动。由于投机的目的是赚取差价收益，在操作上是利用期货价格波动进行买空卖空，所以，投机者一般只是平仓了结期货交易，而不进行实物交割。

进行价差投机的关键在于对期货市场价格变动趋势的分析预测是否准确，由于影响期货市场价格变动的因素很多，特别是投机心理等偶然性因素难以预测，因此，正确判断难度较大，所以这种投机的风险较大。

4. 投机在期货市场的作用 期货投机是期货市场的一种，同时也是交易者的一种投资手段。其经济功能主要有如下几点：

（1）承担价格风险：期货投机者承担了套期保值者力图回避和转移的风险，使套期保值成为可能。

（2）提高市场流动性：投机者频繁地建立仓位，对冲手中的合约。

（3）保持价格体系稳定：各期货市场商品间价格和不同种商品间价格具有高度相关性。投机者的参与，促进了相关市场和相关商品的价格调整，有利于改善不同地区价格的不合理状况，有利于改善商品不同时期的供求结构，使商品价格趋于合理；并且有利于调整某一商品对相关商品的比价关系，使其趋于合理化，从而保持价格体系的稳定。

(4) 形成合理的价格水平：投机者在价格处于较低平时买进期货，使需求增加，导致价格上涨，在较高价格水平卖出期货，使需求减少，这样又平抑了价格，使价格波动趋于平稳，从而形成合理的价格水平。

5. 投机的原则

(1) 充分了解期货合约：为了尽可能准确地判断期货合约价格的将来变化趋势，在决定是否购买或卖出期货合约之前，应对其种类、数量和价格做全面、准确和谨慎的研究。只有在对合约有足够认识的基础上，才能决定下一步准备购买的合约数量。在买卖合约时切忌贪多，即使有经验的交易者也很难同时进行三种以上不同类别的在手期货合约交易，应通过基本分析或技术分析，或将两种技巧方法加以综合的运用，始终将市场主动权掌握在自己的手中。

(2) 制订交易计划：无数投机者的经验教训表明，没有明确的交易计划，根本不可能长期在期货市场上立足。一个漫不经心毫无计划的投机者，最明显的特征就是缺少交易的策略计划。在期货交易中，交易计划就是获取成功的蓝图。制订交易计划可以使交易者被迫考虑一些可能被遗漏或没有给予足够重视的问题；可以使交易者明确自己正处于何种市场环境，将要采取什么样的交易方向，明确自己应该在什么时候改变交易计划，以应付多变的市场环境；可以使交易者选取适合自身特点的交易方法，方法正确有利可图。

(3) 确定获利和亏损限度：一般情况下，个人倾向是决定可接受的最低获利水平和最大亏损限度的重要因素。通过对期货合约进行预测，应该把现实的和潜在的各种可获得的交易策略结合起来，获利的潜在可能性应该大于所冒的风险。既然从事投机交易，就同时面临着盈利和亏损两种可能，那么，在决定是否买空或卖空期货合约的时候，交易者应该事先为自己确定一个最低获利目标和所期望承受的最大亏损程度，做好交易前的心理准备。

（4）确定投入的风险资本：在确定了获利目标和亏损限度后，还要确定风险资金额度。为了尽可能增加获利机会，增加利润量，以下三点有必要做到：第一，要分散资金投入方向，而不是集中用于某一笔交易，这样有利于减少风险性；第二，持仓应限定在自己可以完全控制的数量之内，否则持仓合约数量过大，是一个交易者很难控制的；第三，还应有长远的眼光，为可能出现的新的交易机会留出一定数额的资金。一些投机商得出这样的经验，即只有当最初的持仓方向被证明是正确的，即证明是可获利的后，才可以进行追加的投资交易，并且追加的投资额应低于最初的投资额。应该按照当初制订的交易计划进行交易的对冲，严防贪多。不过，市场变化反复无常，投机商应该根据市场行情的实际变化做出战略调整，保持一定的灵活性和应变能力，做到既按计划行事，又不墨守成规。对于一笔交易的获利愿望，主要取决于交易商的经验和个人偏好。成功的交易预测和交易结果最终还是受个人情绪、客观现实、分析方法和所制订的交易计划的影响。

6. 投机的方法与策略 当涉足期货投机交易时，必须做好一系列的准备工作，其实质就是投机者需要制定一个指导投机活动全过程的交易策略，以及掌握一些交易技巧。期货投机交易的一般方法是：

（1）买低卖高或卖高买低：只要认为后市价格上涨就可买进，待价格上升到一定价位后再卖出平仓；认为后市价格下跌就可卖出，待价格下跌到一定价位后再买进平仓。

如：某投机者 2014 年 12 月初预测 2015 年 5 月强麦期货合约价格将上升，故买进一手 5 月强麦期货合约，成交价格为

2 620元/吨，此后没多久，该合约价格涨至2 700元/吨，则该投机者盈利80×20=1 600元（不计手续费）。

（2）平均买低或平均卖高：如果建仓后市场行情与预料的相反，可以采取平均买低或平均卖高的策略。在买入合约后，如果价格下降则进一步买入合约，以求降低平均买入价，一旦价格反弹可在较低价格上卖出止亏盈利，这称为平均买低。在卖出合约后，如果价格上升则进一步卖出合约，以提高平均卖出价格，一旦价格回落可以在较高价格买入止亏盈利，这就是平均卖高。

（3）金字塔式买入卖出：如果建仓后市场行情与预料相同并已经使投资者获利，可以增加持仓。增仓应遵循以下两个原则：一是只有在现有持仓已经盈利的情况下，才能增仓；二是持仓的增加应渐次递减。

7. 保值交易 理论上的套期保值应该是期货和现货各走各的，用一个市场的盈利去弥补另一个市场的亏损，使货物卖价或使用成本保持在一个合理的价格水平上。由于中国的现货和期货市场还不是很成熟，两个市场的价差（基差）不可能保持在一个合理的水平，或者说现货商并没有像国外一样用期货价格来指导现货贸易，往往盈亏无法相抵，因此，粮食部门入市的思路是卖货，面粉厂入市的思路是买货，他们考虑的是期货、现货之间的价差关系，而非价格变化趋势，这就使得中国目前的套期保值大多以交割为主，把套保等同于交割。随着期货市场的不断发展，大家应改变思路，正确了解套期保值，正确地分析市场，使中国的套期保值能走上正轨。

套期保值分为卖期保值和买期保值两类。小麦套期保值是指以规避小麦现货价格风险为目的的期货交易行为。所谓规避风险，就是指粮食企业通过在期货市场上进行小麦套期保值业务，可以有效地回避、转移或分散现货市场上价格波动的风险。通过期货市场规避风险的方式是进行套期保值操作。套期保值就是在期货市场买进或卖出与现货数量相等但交易方向相反的商品期货合约，以期在未来某一时间通过卖出或买进期货合约而补偿因现货市场价格不利变动所带来的实际损失。

（1）卖期保值：为避免将来现货价格下跌对出售现货造成损失，在期货市场卖出期货合约。当卖出现货商品时，须将期货卖出持仓进行平仓，了结该保值交易。

在我国小麦主产区，小麦是在每年的10月中旬播种，到翌年5~6月收获，有8个多月的生长期。在市场经济条件下，小麦价格主要受市场供求变化的影响，会经常发生波动，价格涨跌给生产者带来损失。如果在这8个多月的时间里小麦的价格不变或者上涨，那么对于种植小麦的生产者来说，就会取得预期的收益或更高的收益。但是，如果在此期间小麦的价格下跌，种植小麦的生产者将会减少收益甚至出现亏损。为了防止小麦价格下跌导致预期收益的损失，生产者在播种小麦的同时，可以在期货市场上选择合适的价格卖出与他预计小麦产量相等的小麦期货合约。如果半年以后小麦价格下跌了，虽然小麦种植者按市场价格出售小麦会蒙受损失，但生产者在期货市场上卖空的期货合约会给其带来一笔可观的收益，用以弥补现货市场上所受的损失。这样，就把生产者种植小麦的价格风险转移出去了。

对于拥有现货的经销商、仓库避免价格下跌造成损失，以及面粉加工企业库存原料避免价格下跌，同样适宜进行卖期保值。

（2）买期保值：为避免将来购买现货时价格上涨，在期货市场买入期货合约。当买进现货商品时，须将期货买入持仓进行平仓，了结该保值交易。

在现货贸易中，由于市场机制尚不健全，违约现象时有发生。在2003年价格大涨中，不少小麦贸易企业、面粉加工企业遭遇货源问题。当时如果在签订购货合同时进行买期保值，现货价格上涨后，如对方守信继续履约，则期货平仓可获得盈利，进一步降低成本；如对方违约，则期货的盈利可以弥补现货价格上涨所增加的成本。

总之，如果现货企业提高了对期货市场的认识，都能参与套期保值交易回避现货市场风险，那么，不仅会大大提高现货合同的履约率，形成良好有序的市场秩序，而且会促进期货市场功能的发挥，使期货价格更好地反映现货市场的发展趋势。

（3）套期保值交易向期现套利的转化：套期保值的基本原理是，当期货合约临近到期日时，现货价格与期货价格趋向于一致，套期保值交易者是通过平仓交易来回避价格风险的。在商品期货、现货价格出现背离时，作为粮食企业进行期货、现货套利交易是一种非常有优势的方式。期货现货套利交易是投资者利用在合约到期时期货、现货价格之差，进行实物交割，来获取投机性利润的。

由于期现套利投资思路简捷，保险系数大，已经有越来越多的投资者开始参与。作为粮食企业可以是带着套期保值的思路入市，如果获利，则平仓；如果被套，则用交割形式实现期现套利。

（4）套期保值的利弊分析：套期保值至少有六大好处：①可以对不利的价格波动提供保护，有助于保护利润并获得稳定收入；②可给生产、加工、经营企业在销售、购买和定价策略中提供灵活性；③在商品必须储存的情况下，套期保值可使资金摆脱绑在存货上的境地，从而提高企业的资金使用效率；④可以节省一些储存费用、保险费和损耗；⑤可以预先锁定成本和价格，方便计划工作；⑥从保值计划所得的利益中，可增加厂商的借款能力和信誉。

一旦采取了套期保值策略，在规避对己不利的价格风险的同时，也放弃了价格可能出现对己有利的获利机会；同时必须支付交易成本。

（5）套期保值交易风险：①资金追加能力不足的风险。如果入市被套，要有充分的资金追加能力，只要能够坚持到交割月实现交割，则建仓价与成本之间的价差肯定能实现。②货物质量不合格的风险。期货交割需要将货物注册生成标准仓单，其前提是货物必须符合期货合约关于交割标的物质量的要求。货物合格，期现价差一定能够实现。

四、河南小麦规模化、标准化生产

（一）确定生产目标

小麦生产单位或个人在制订生产计划时，一定要以社会效益高、生态效益大、自身效益好为目的确定生产目标。从国内三个贸易市场的分析可见，生产用小麦种子和符合小麦期货合约交割标准的强筋小麦与硬冬白麦，都有机会营销出较高的价格，获得较大的效益。小麦种子、强筋小麦、硬冬小麦可作为企业生产的选择目标；另外，弱筋小麦、彩色小麦，虽然市场需求较少也没有进入期货市场，但在现货市场也能营销出较高的价格，可以根据订单批量生产。在小麦面积较小，自给自用的区域，可以根据当地食用习惯确定生产目标。生产单位和个人在选择不同种类的生产目标时，一定要兼顾高产，做到优质高产高效益。

（二）按目标规模化、标准化生产

生产目标一旦确定，就要坚定地按照目标进行规模化、标准化生产，才能得到预期的效益。

1. 小麦种子规模化、标准化生产　由于种子贸易量有限，有种子经营资格的单位，在确定生产目标时，首先要做好市场调研，按市场需求生产种子。没有种子经营资格的单位或个人在种子生产前一定要和种子经营单位签订好供货合同，约定好数量和标准，在技术人员指导下按《小麦种子生产操作规程》进行生产。种子检测合格后交付种子经营单位营销。

2. 强筋冬小麦规模化、标准化生产 符合郑州商品交易所交割的强筋小麦与硬冬白小麦标准的产品，不论在期货市场还是现货市场都能营销出较高的价格，获得理想的效益。那么此两类产品究竟和一般国标小麦有什么不同，差别在哪里？我们不妨做一下比较，做到心中有数，才能严格按标准生产。

小麦国家质量标准 GB 1351—2008 主要指标：

各类小麦质量要求见表 4-1。其中容重为定等指标，3 等为中等。

表 4-1　各类小麦质量要求

等级	容重（克/升）	不完善粒（%）	杂质（%）		水分（%）	色泽气味
			总量	其中：矿物质		
1	≥790	≤6.0	≤1.0	≤0.5	≤12.5	正常
2	≥770					
3	≥750	≤8.0				
4	≥730					
5	≥710	≤10.0				
等外	<710	—				

注：“—”为不要求。

硬冬白小麦（普麦）合约质量交割标准规定见表 4-2。

表 4-2　郑州商品交易所硬冬白小麦（普麦）合约质量交割标准

交割等级	等级	容重（g/L）	不完善粒（%）	杂质（%）		水分（%）	色泽、气味	升贴水（元/吨）
				总量	其中：矿物质			
标准品	二等硬冬白麦	≥770	≤6.0	≤1.0	≤0.5	≤12.5	正常	0
替代品	一等硬冬白麦	≥790	≤6.0					0
	三等硬冬白麦	≥750	≤6.0					-50

注：①硬冬白小麦：符合国标 GB 1351—1999 规定，种皮为白色或黄白色的麦粒

不低于90%，角质率不低于70%的冬小麦；②标准品交割价＝交割结算价；③替代品入库注册仓单时，按照规定的升贴水标准转化为统一的标准仓单；④同等级硬冬白小麦不完善粒为6.0%～10.0%（其中，发芽粒≤2.0%，霉变粒≤2.0%）扣价30元/吨。

强筋小麦国家质量标准GB/T 17892—1999：强筋小麦品质指标见表4-3。

表4-3　强筋小麦品质指标

指标项目	籽粒								小麦粉		
	容重（克/升）	水分（%）	不完善粒（%）	杂质总量（%）	矿物质	色泽气味	降落数值（秒）	粗蛋白质,（%）（干基）	湿面筋，（%）（14%水分基）	面团稳定时间，（分钟）	烘焙品质评分值（分）
一等	≥770	≤12.5	≤6.0	≤1.0	≤0.5	正常	≥300	≥15.0	≥35.0	≥10.0	≥80
二等								≥14.0	≥32.0	≥7.0	

郑州商品交易所郑麦（强筋小麦）质量交割标准。

优质强筋小麦交割货物除物理指标要求外，主要是规定了稳定时间，湿面筋、拉伸面积、降落数值等内在品质标准。优质强筋小麦期货质量交割标准规定见表4-4。

表4-4　优质强筋小麦期货质量交割标准

指标项目	籽粒							小麦粉		
	容重（克/升）	水分（%）	不完善粒（%）	杂质总量（%）	矿物质	色泽气味	降落数值（秒）	湿面筋，（%）（14%水分基）	拉伸面积，（平方厘米）（135分钟）	面团稳定时间（分钟）
一等	≥770	≤12.5	≤6.0	≤1.0	≤0.5	正常	≥300	≥30.0	≥90	≥12
二等										≥8

注：①一等优质强筋小麦升贴水30元/吨；②标准品交割价＝交割结算价；③替代品入库注册仓单时，按照规定的升贴水标准转化为统一的标准仓单；④同等级优质

强筋小麦的不完善粒为6.0%~10.0%（其中，霉变粒≤2.0%）贴水10元/吨。

用国家小麦质量标准和郑州商品交易所的硬冬白小麦合约交割的质量标准相比较，后者交割的标准品与国家小麦质量标准中规定的二等品各项指标正好相符，替代品只有容重的差别。郑州商品交易所硬冬白小麦期货合约的交割标准品是国标（GB 1351—1999）二等硬冬白小麦。

用国家强筋小麦质量标准和郑州商品交易所的强筋小麦合约交割的质量标准相比较，两者物理指标相同，内在品质指标中，两者降落值也相同，两者湿面筋指标相比较，前者二等品为32%以上，后者则为30%以上；两者稳定时间相比较前者一、二等级分别为长10分钟和7分钟，后者则分别为长12分钟和8分钟。其他内在品质指标如粗蛋白质含量前者一、二等级分别为15%和14%；烘焙品质评分值一、二等级同为80分，后者则对这两项指标无具体要求，但后者对小麦粉的拉伸面积却有具体要求，一、二等级均为90平方厘米以上。据郑州商品交易所宣传材料报道：优质强筋小麦期货的一等品可以与加拿大小麦接轨（说明：中国每批小麦内在品质的一致性不如进口麦），二等稍差一点。美国小麦的质量总体上不如加拿大小麦。优质强筋小麦期货合约交割标准执行的是企业标准（高于GB 1351—1999国家标准），在制定标准时参考了国家推荐标准（GB/T 17892—1999），更重要的是贴近现货市场的发展和面粉加工企业的要求。特别说明：在两个合约的运行中，发现强筋小麦仓单品种大部分与硬冬白小麦品种是重叠的；表现在价格上，收购时二者大多是一个价，但销售环节是两个价，而且价差有扩大的趋势。之所以如此，是因为二者都是优良品种或同一品种种出的小麦。在每年6月收获后（冬小麦）的一段时间，小麦后熟期还没有过，内在品质还不稳定，加之检验成本高，所以收购方无法确定内在品质，也就无法给农民一个高价。但过了后熟期，品质稳定了，内在品质高的，就可以卖一个好价。随着期货市场的发展，达到强筋小麦标准、硬冬白小麦标准和达不到硬冬白小麦标准的，会形成不同档次的价格。达到不同的标准，与选用的种子、田间管理、当地的土壤情况和气候都有关系。我们既然了解了强筋小麦期货交割标准和它的价值，我们就要严格按标准大规模进行生产，保证大批量商品小麦的一致性，以期获得较高的效益。

（1）选择适宜强筋小麦生产的区域：由于气候因子和土壤质地对小麦品质有较大影响，我国小麦品质区划方案划定适宜强筋小麦生产的区域是华北北部强筋冬小麦亚区，黄淮北部强筋中筋冬小麦亚区，中筋强筋春麦区。

河南是小麦主产区，据河南省小麦品质生态类型区的划分：

Ⅰ区：豫北、豫中、豫东黄淮海平原半干旱半湿润气候，强筋、中筋麦适宜区，面积约 270 万公顷。

Ⅱ区：淮北平原、南阳盆地，半湿润气候，强筋小麦次适宜区，中筋小麦适宜区，面积约 88.3 万公顷。

Ⅲ区：淮南丘陵，温热湿润气候，弱筋、中筋麦低产变中产区。

Ⅳ区：豫西黄土、红土丘陵旱地强筋、中筋麦低产变高产区。

Ⅴ区：伏牛山、太行山地麦区。

（2）选择适宜的品种：选用符合郑州商品交易所交割标准并且适宜当地生产的强筋小麦高产品种。①在河南强筋小麦适宜区推广的品种有新麦 26、西农 979、郑麦 366、郑麦 9023、师栾 02-1、济南 17；新品种有丰德存麦 1 号、郑麦 7698。②在山东推广的强筋小麦品种有济南 17、济麦 20、师栾 02-1 等。③在河北推广的强筋小麦品种有藁城 8901、师栾 02-1、藁优 9409 等。④在陕西推广的强筋小麦品种有西农 979、西农 889、郑麦 9023 等。

（3）播种技术：小麦播种期的主攻目标是：施足底肥，足墒下种，保证苗全、苗匀、苗齐、苗壮。

1）选种：选择适宜当地生产的达到国标的种子进行精选、晾晒，预备包衣或拌种。近几年小麦包衣种子应用面积迅速扩大，合格的种子包衣剂一般含有杀虫剂、杀菌剂两种主要活性成分，不仅可以防治种子和幼苗期地下害虫的危害，而且还有壮苗和控制、减轻小麦苗期和春季病害的发生。包衣种子一般经过种子纯度、净度、水分、发芽率等技术指标的鉴定，应用起来也比较安全，推广包衣种子也是小麦规范化栽培的方向。如果应用未包衣种子，为防治地下害虫和小麦土传、种传病害，可采用种子处理和土壤处理两种方法，对吸浆虫和地下害虫发生严重地块，可用2%林丹粉每亩2.5~3千克，拌细土20千克，或用40%甲基异柳磷2千克，对水5千克，拌细土20千克，犁前撒施，进行土壤处理；对以蛴螬、蝼蛄为主的地下害虫发生区，可用48%毒死蜱1千克或40%甲基异柳磷乳油1千克对水80千克，拌麦种800千克；对种传、土传病害，如散黑穗病、秆黑粉病发生区，可用40%多菌灵胶悬剂200毫升，对水40千克，均匀喷洒100千克麦种；有全蚀病发生的地块，用12.5%的全蚀净悬浮剂20~40毫升或3%敌萎丹50毫升+2.5%适乐时10毫升或20%立克秀15毫升加水500毫升，拌种10千克，闷种2~3小时后播种。地下害虫与病害发生的田块杀虫剂与杀菌剂可混合使用。近年研究试验表明：小麦1千克种子用1.5克左右（有效成分）吡虫啉拌种，防治小麦生育期蚜虫效果良好。

2）播种：造足底墒，适时播种，合理密植。麦播前造好底墒是苗全、苗匀、苗壮的基础。如小麦的适生土壤为两合土、黏壤土或黏土，最适宜出苗的土壤含水量：两合土为18%~20%，黏壤土为20%~22%，黏土为22%~24%，若低于上述指标，应浇好底墒水，还要保好口墒，确保一播全苗，若土质十分黏重的土块，也可先种后喷灌或浇蒙头水，并及时破除板结。

为保证小麦冬前有足够的积温，利于培育冬前壮苗，适宜的播期要根据品种的冬春性和当地的气候条件而定。半冬性品种宜在10月中旬播种；弱春性品种宜在10月15~25日播种。根据近几年的科学试验和生产实践，在精细整地，足墒下种的前提下，半冬性品种每亩基本苗14万~20万株，播量为7~10千克；弱春性品种，每亩基本苗18万~24万株比较适宜，播量为9~12千克，具体到每块地的播种量要根据种子的千粒重、种子发芽率、整地质量和土壤墒情等情况综合考虑确定。在适宜播期以后播种，播种量应适当增加，一般每延后1天，播种量每亩增加0.25千克。播种方式，可采用23厘米等行距或20厘米×27厘米的宽窄行种植。为提高播种质量，保证播种的均匀度，要大力提倡机播或精播耧播种，播种时深浅要一致（深度3~5厘米），黏土和需要浇蒙头水的地块播种要浅，落籽要均匀，达到苗全、苗匀的播种标准。

3）培肥地力与合理施肥：培肥地力的关键技术：较高土壤肥力基础是实现小麦优质高产的关键，在优质高产小麦适生区，要求土壤中有机质含量在1.2%以上，速效氮含量在80毫克/千克左右，速效磷含量在25毫克/千克左右，氧化钾含量在100毫克/千克以上。

a. 加深耕层，精细整地。近年来河南省因旋耕面积和小拖拉机耕地面积较大，造成耕层太浅，一般不足15厘米，这就给小麦根系早衰和倒伏造成潜在危险。要实现小麦优质高产，就要依赖于强大的根系，这就要求加深耕层，为根的生长创造深厚疏松的土层。深耕必须配合细耙、多耙，注意防旱保墒，尤其在土壤偏黏的地块，更应掌握好宜耕期，利于粉碎坷垃，压实土壤，清除根茬，保住底墒。

b. 增加有机肥投入，提高土壤有机质含量。土壤有机质含量是反映土壤肥力水平的综合指标，培肥地力的中心环节就是保持和提高土壤有机质含量，其基本手段就是增加有机肥投入，增施以农家肥为主的各种有机肥，并做到秸秆还田。有机肥是一种完全肥料，含有丰富的有机质和各种营养元素，增施有机肥可以改善小麦籽粒品质，增加籽粒蛋白质含量和湿面筋含量，延长面团稳定时间，说明培肥地力是增加强筋小麦产量，改善品质的重要途径。

施用有机肥，是我国农业生产上培肥地力的传统习惯，各地积累了丰富的沤制农家肥的经验。随着机械化水平的提高和人们传统观念的改变，秸秆还田对于培肥地力起着越来越重要的作用，创造了多种形式的秸秆还田技术，值得借鉴和推广。秸秆还田的主要形式有：一是小麦高留茬，小麦收获时，要求留茬高度在20~25厘米，相当于还田根茬每亩220~350千克，与平茬相比，可每亩多还田秸秆100~170千克；二是麦秸秆覆盖还田，在秋作物生长前期，进入雨季以前，将麦秸秆、麦糠等均匀撒于作物行间，一般每亩盖草量可达150~200千克。麦秸秆覆盖还田，有保墒抗旱、抑制杂草、培肥地力的综合效能；三是玉米秸秆、小麦秸秆机械粉碎还田，即收获小麦、玉米后即用秸秆还田机粉碎秸秆，直接耕翻入土。在应用以上三种秸秆还田技术时，还必须采用以下配套措施：一是对秸秆还田地块补施一定量的氮肥，作物秸秆碳氮比较高，影响土壤微生物活动及繁育。当秸秆进入土壤后，土壤微生物总量迅速增加。微生物活动繁育需要的氮素仅靠秸秆本身的分解不能满足，必有一部分取自土壤，出现微生物与作物争氮现象，影响作物生长发育。为避免这种情况的发生，就要对秸秆还田的地块补施氮肥，一般补纯氮数量为还田秸秆量（干重）的1%~1.3%，如果每亩还田秸秆200千克，应补施纯氮2~2.6千克，即用尿素5~6千克。二是翻压秸秆的地块要保持充足的水分，有利于微生物活动。如玉米收获前10天无雨，应先浇水，收获后翻压秸秆。如翻压后地过干，也可翻后灌水。土壤含水量以田间持水量的70%为宜。三是注意秸秆还田地块的病虫害防治，避免将病虫害严重的秸秆直接还田，应将其高温堆肥后施用。四是秸秆还田地块一定要浇足底墒水，沉实土壤，以免秸秆架空土壤而冻死麦苗。

c. 测土配方平衡施肥，科学增加无机肥投入。测土配方平衡施肥是根据优质高产小麦的需肥规律，土壤供肥性能与肥料养分含量，在施用农家肥的基础上，提出氮、磷、钾和微量元素的适当用量和比例，以及相应的施肥技术。西北农林科技大学的蒋纪芸老师，在无灌溉条件的旱地上，研究氮磷配施对小麦品质的影响。结果表明，旱地小麦氮磷配施比单施磷肥和不施肥的处理，籽粒蛋白质含量和湿面筋含量显著提高。也有研究表明，在缺钾的土壤上施氮肥和钾肥，能增加籽粒蛋白质和湿面筋含量。硫元素是组成蛋白质不可缺少的成分，因此，硫元素与小麦品质密切相关。土氮磷钾肥配合施用，不仅提高小麦籽粒蛋白质含量，而且对小麦的加工品质也有改善作用，但是各要素的适宜施用量和氮磷钾的最佳配比，因环境条件、土壤类型及土壤肥力水平等而异。测土配方平衡施肥的标准是达到小麦优质、高产，施肥合理高效，生态环境（土壤、水）不受污染，改良土壤，培肥地力。亩产500~600千克产量水平，应在耕地前亩施优质有机肥（农家肥）4~5立方米，如农家肥不足，每缺1立方米，可以补充10~12千克饼肥。除农家肥以外，全生育期需要亩施纯氮16~18千克，底施氮肥占总量的50%左右。在土壤有效磷含量丰富的麦田（20×10^{-6}以上），五氧化二磷（P_2O_5）施用量以每亩8千克左右为宜；在土壤有效磷缺乏条件下可适当多施，以每亩9~10千克为宜。亩施氧化钾（K_2O）6~9千克，亩施硫酸锌1~1.5千克，小麦拔节至灌浆期喷施200克多元微肥。把农家肥、磷肥、钾肥、锌肥和氮素化肥的40%左右结合深耕施入底层，以充分发挥肥效，供给小麦生育中、后期的需要，提高肥料利用率。底氮用量占总施氮量的比例，还要因地力情况适当掌握，肥力较低的地块和旱地麦底肥比例可适当大些，高肥力麦田要减少底氮肥用量。一般麦田若总施氮量为 16 千克，即尿素约 35 千克，底肥按 50%计算为 17. 5 千克，起身拔节期追施 12. 5 千克，孕穗期结合浇水施 5 千克。

（4）冬前管理技术：小麦冬前的生育特点与主攻目标如下。

1）小麦冬前的生育特点：黄淮麦区小麦冬前的生育特点是以生根、长叶和滋生分蘖为主；由于播期不同，小麦的穗分化分别达到二棱期、单棱期和伸长期。小麦从出苗到越冬前（10 月中旬至 12 月中旬）气温适宜；11 月进入分蘖盛期。半冬性品种冬前壮苗为：主茎 6～7 片叶，单株分蘖 3～5 个，次生根 5～8 条，群体达到每亩 65 万～80 万茎。春性品种主茎 5～6 片叶，单株分蘖 3 个左右，次生根 3～5 条，群体每亩 60 万～70 万茎。

2）小麦冬前田间管理的主攻目标：小麦冬前管理的主攻目标是在全苗、匀苗的基础上，促弱、控旺，培育壮苗。协调幼苗生长与养分储备的关系，保证麦苗安全越冬，为翌年增穗、增粒打好基础。

3）小麦冬前田间管理技术：

a. 查苗补种，疏苗移栽。小麦出苗后，常因种种原因造成缺苗断垄现象，有些麦田缺苗 10%～20%，对缺苗断垄的麦田应及时采取以下措施，加以补救。首先对 10 厘米以上的缺苗断垄地段，用小锄或开沟器开沟，补同一品种的种子，墒差时顺沟少量浇水，种后盖土压实。为了促使尽早出苗可将种子用水浸泡 3～5 小时，捞出保持湿润，待种子开始萌动时再进行补种。机播麦田在播种时应注意种好地边、地头和补齐漏播行，做到边播、边查、边补种。其次对已经分蘖仍有缺苗的地段，要进行匀苗移栽，就地疏稠补稀，边移边栽，移栽时覆土深度以“上不压心，下不露白”为标准，栽后压实，保证成活。缺墒时移栽后及时浇水。

b. 中耕松土。小麦播种后，出苗前如遇雨，易形成地表板结、裂缝、水分散失过快，影响全苗和苗期生长。必须趁表土半湿半干时抓紧疏松，防止过深伤芽，以利齐苗、全苗。

c. 杂草防除。小麦播种后杂草较严重的田块，于小麦幼苗期（11 月中下旬）进行分类防除。

防除野燕麦、看麦娘、黑麦草等一年生禾本科杂草，每亩可用 6.9%骠马乳油 50~60 毫升，对水 30~40 千克喷雾防除。

防除阔叶杂草，可根据杂草种类，每亩用 75%巨星水分散粒剂 1~3 克或 10%绿麦隆可湿性粉剂 15 克左右，对水 30~40 千克均匀喷雾。

d. 浇越冬水。黄淮北片麦区一般年份冬春干旱多风，浇好越冬水是保证小麦安全越冬的一项重要措施。由于水的热容量较大，充足的土壤水分，既可平抑地温，防止冻害死苗；还可踏实土壤，粉碎坷垃，消灭越冬害虫，促进小麦根系发育和分蘖生长。但是冬灌运用不当，也会引起死苗现象。因此，冬灌应掌握好以下原则：

温度：适宜冬灌的温度指标是日平均气温 3℃以上，如豫北地区时间一般在 12 月上中旬。

墒情：麦田 5~20 厘米的土壤含水量，沙土低于 13%~14%、壤土低于 16%~17%、黏土低于 18%~19%时可以冬灌。

苗情：壮苗麦田适时冬灌；旺苗麦田视墒情可推迟冬灌或不灌；早播弱苗和秸秆还田地块要早灌水，早追肥，晚播弱苗不宜冬灌。

灌水量：冬灌要防止大水漫灌，以免造成冲、压、淤、淹或凌抬伤苗（凌抬：冬季麦田积水，水上面结冰，冰下面的水慢慢下渗，就形成了凌抬）。据试验，冬灌的适宜灌水量为 50~60 米^3/亩。

（5）返青—起身期管理技术：要使小麦优质高产，必须抓好返青—起身期的田间管理，促使不同苗情的麦苗向壮苗转化。

返青—起身期小麦的生育特点和主攻目标如下：

1）生育特点：2月上中旬，随着气温回升，小麦会长出新叶，麦苗由灰绿色转为青绿色，即进入返青期；返青以后，营养生长与生殖生长逐渐加快，伴随着新叶片的出生，小麦进入二次分蘖高峰期；小麦起身后，分蘖逐渐停止，开始两极分化。根系也进入旺盛生长期，小麦的幼穗分化处于二棱期，此时的肥水供应状况将显著影响到成穗的多少与麦穗的大小。

2）主攻目标：返青—起身期小麦的主攻目标是促弱苗，促春蘖，防撇头，提高成穗数和成穗率；控旺苗，防郁蔽倒伏；对壮苗应先控后促，促控结合，保持稳健生长。使各类苗情逐渐形成适宜的群体结构，为小麦优质高产打好基础。

3）田间管理：返青—起身期麦田管理的主要内容是：浇水、追肥、中耕保墒和防治病虫草害。由于小麦品种不同，地力、苗情和各地的栽培条件不同，所以要因地制宜进行科学管理。

a. 高产麦田在实现冬前壮苗安全越冬的前提下，大穗型品种（如新麦26号、西农979）亩茎数70万以上，多穗型品种（如郑麦366、师栾02-1）亩茎数80万~90万，返青期如无脱肥迹象，要以控为主，减少春生分蘖，待到起身后，两极分化结束时再追肥浇水。

b. 一些麦田冬前没有长成壮苗，亩茎数50万~60万，穗数不足是影响产量的主要矛盾，此类麦田应于2月中下旬天气转暖时亩追尿素15~20千克，有利于保冬蘖，生春蘖，长壮蘖，增穗数，提高产量，改善品质。

c. 晚播麦田，因根少苗弱，需水肥不多；影响小麦生长的因素主要是温度，在管理上要早中耕、浅中耕，提高地温，通气保墒，待到春蘖滋生，小麦起身，再施肥浇水。

d. 沿黄稻茬麦区，地下水位高，土壤湿度大、地温低、通气性差，温度是麦苗生长发育的限制因素，因此返青—起身期不宜浇水，管理上应中耕增温，增加透气性，促苗生长，促根下扎；缺肥麦田，亩施尿素 15 千克左右并加磷酸二氢钾 3～4 千克，有利于形成壮苗。

e. 根据不同品种特性合理促控，豫麦 70-36、郑麦 9023-8、豫麦 34，春性强，生育进程快，亩茎数 70 万以下的麦田，返青—起身期以促为主。新麦 26、西农 979、师栾 02-1 为半冬性品种，分蘖力强，为防群体过大，后期郁蔽倒伏，返青—起身期以控为主；群体不足的麦田要促控结合。

f. 防治病虫草害。返青—起身期用三唑酮和多菌灵防治小麦纹枯病，茎基腐病，用全蚀净、适乐时防治小麦全蚀病。用二甲四氯防治麦田杂草，燕麦严重的地块用骠马乳油防治。另外要做好蚜虫和其他虫害的预测预报，并及时防治。

总之，小麦返青—起身期是促进苗情转化的关键时期，也是氮肥的高效作用期。此时期冷空气活动频繁，为防麦苗冻害，浇水时期应选择日平均温度 3℃ 以上时进行；追肥时期、追肥数量、追肥种类要根据地力、苗情和前期施肥情况合理确定，以利于各种苗情向壮苗方向转化，为优质高产打好基础。

（6）拔节—孕穗期管理技术：3 月上中旬，随着气温的不断升高，小麦陆续进入拔节期。当 4 月中旬气温上升到 15℃ 左右时，小麦旗叶叶片全部从倒二叶叶鞘内伸出，进入孕穗期。小麦拔节—孕穗期进入快速生长阶段，生长中心转向茎与幼穗；认识此期的生育特点，确定正确的主攻目标，进行科学的田间管理，是夺取小麦优质高产的关键。小麦拔节—孕穗期的生育特点和主攻目标如下：

1）生育特点：小麦拔节后，穗分化经过雌雄蕊原基分化，药隔形成，四分体形成；到孕穗期进入配子形成。拔节后，分蘖的光合产物大部分自用，不具备自养能力的弱小分蘖迅速死亡，拔节后 20 天左右是无效分蘖死亡盛期，此期植株的体积和干物质重成倍增加；次生根增加 1 倍左右，到孕穗期成为定数。孕穗期小麦的绿色面积达到最大值，高产田叶面积系数达 6 以上，是光合作用最旺盛的时期。

拔节—孕穗期小麦对肥水非常敏感，需水、需肥量急剧增加，拔节期管理得当与否，对基部节间的长短，上部叶片的大小，两极分化的快慢，每亩穗数和每穗粒数的多少，以及防止倒伏和后期早衰起重大作用。孕穗期养分供应充足，能制造和积累较多的营养物质，保花增粒，防止叶片早衰，促进籽粒灌浆。此期也要防止养分过剩引起倒伏和贪青晚熟。

2）主攻目标：拔节—孕穗期应为小麦供应充足的养分，促使茎叶健壮生长，根系发达，建立合理的群体结构，使穗数和穗粒数协调发展，搭好优质高产骨架。

3）田间管理：拔节—孕穗期是培育小麦壮秆大穗，搭好优质高产骨架的关键时期。此期既要保证各部器官正常发育，又要防止早衰或徒长。管理上应科学运筹肥水，合理运用各种促控技术，处理好春发与稳长的矛盾，促使各类麦田形成优质高产结构。

a. 中、低产麦田的管理。此类麦田的肥水条件是影响产量的主要因素，拔节—孕穗期要因地制宜进行肥水促进，争取较多的穗数和穗粒数。对返青—起身期没有施肥浇水的麦田，于拔节期亩施尿素 15 千克+磷酸二氢钾 3～4 千克+100～150 克多元微肥，促使分蘖多成穗，成大穗；返青—起身期已浇水施肥的麦田，拔节期以中耕保墒锄草为主，待到 3 月下旬至 4 月初（孕穗期）再结合浇水补施尿素 8 千克/亩左右。用节节促进的管理措施，提高分蘖成穗率和穗粒数，形成相对高产的群体结构。

b. 冬前达到壮苗标准的麦田，返青—起身期以控为主。到拔节期第一节固定后，根据不同地力，结合浇水亩施尿素 10~15 千克+100~150 克多元微肥，保证壮秆大穗。

c. 晚播麦田。此类麦田物候期延迟，分蘖两极分化开始较晚，为提高春分蘖的成穗率，于 3 月上中旬施肥浇水。施肥数量和种类要根据底肥施用情况合理确定，一般亩施尿素 10~15 千克。浇水后要及时保墒。

d. 沿黄稻茬麦区，土壤较肥沃，地势低洼，地下水位高，由于长期灌水造成土壤湿度大，地温低，板结，供肥迟缓。此类麦田由于播种方式的多样化和播期拉得较长，形成多种苗情；撒播麦田苗龄大，麦苗稠，根系浅，高脚苗多；晚播麦田，播量大，苗龄小；还有一些麦田苗不均匀。该区起身—拔节期中耕锄划，提高地温；拔节—孕穗期的肥水管理按以下原则进行：①先浇下游后浇上游。下游年灌水量比上游少，3~4 月常因干旱不利于小麦生长。②灌水量限定 50~60 米^3/亩。避免大水漫灌引起积水导致地温下降，小麦生长发育不良，出现死苗现象。③结合浇水亩施尿素 10 千克+磷酸二铵 5~8 千克+100~150 克多元微肥。

e. 平原沙壤麦区，位于沿黄一带的冲积平原和黄河故道，该区土壤结构差，漏水漏肥，麦田管理上采取“少给多餐”的方法，即起身—拔节期结合浇水亩施尿素 10 千克左右，孕穗期（3 月下旬至 4 月初）结合浇水再亩施尿素 8~10 千克+钾肥 5 千克+100~150 克多元微肥，能提高产量和改善品质。

f. 丘陵麦区和山地寒冷麦区的特点是：土层薄，肥力低，干旱缺水。小麦的春季管理以中耕保墒为主；有灌溉条件的结合浇水亩施尿素 10~15 千克加磷酸二铵 5~8 千克；肥料要挖穴深施，才能提高肥效。为增强小麦的抗旱性，拔节—孕穗期喷洒黄腐酸和抗旱剂。

g. 科学促控防倒伏：小麦倒伏后籽粒秕瘦、品质下降，减产幅度达 10%~30%。拔节—孕穗期是防止小麦倒伏的关键时期，要因地制宜落实好以下措施：①科学控制肥水，亩群体 90 万以上的麦田，3 月上中旬控制肥水，促进两极分化，抑制 1~2 节伸长，待到 3 月下旬施肥浇水，对于防止后期倒伏有明显的作用。②有些麦田前期肥水施用不当，春蘖过盛，群体大，两极分化慢，有倒伏隐患。此类麦田要进行化学控制，方法如下：3 月上中旬用多效唑 70~80 克/亩，对水 30~40 千克叶面喷雾，可降低株高 5~8 厘米，能减少倒伏面积，减轻倒伏程度。③根据品种的不同特性进行化学控制。如郑州 9023、西农 979、新麦 26 等品种，生长发育快，拔节早，此类品种于 3 月上中旬用多效唑进行控制；半冬性品种如师栾 02-1、济南 17、藁城 8901、藁优 9409 等品种，3 月中旬，用多效唑进行化控。

h. 及时防治病虫草害，降低非正常消耗。小麦的病虫害直接破坏了小麦的光合器官，导致减产，同时籽粒瘪瘦变褐、品质下降。麦田杂草种类多，数量大，适应性强，会与小麦争肥、争水、争光照，导致小麦减产。①小麦拔节—孕穗期是小麦纹枯病、白粉病、锈病及麦蚜、麦蜘蛛发生的高峰期。此期用 40%的氧化乐果 100 毫升/亩加 15%三唑酮 100 克/亩，对水 40~50 千克，叶面喷雾；白粉病严重的地块用醚（嘧）菌酯代替三唑酮防治效果良好；有全蚀病的麦田，要用适乐时或敌萎丹进行防治。② 3 月上中旬是麦田除草的佳期：麦田除草要人工除草与化学除草相结合。进行化学除草的麦田应先调查杂草种类，再分类进行化学除草。一是对于播娘蒿、猪殃殃等阔叶杂草，可以使用 75%巨星干燥悬浮剂 1~1.3 克/亩，对水 30 千克均匀喷雾，或 70%二甲四氯粉剂 60~80 克/亩，对水 30~40 千克喷雾。二是对于野燕麦等禾本科杂草，可以使用 6.9%的骠马乳油 40~60 毫升/亩或 10%的骠马乳油 30~40 毫升/亩，对水 30 千克均匀喷雾。

综上所述，小麦拔节—孕穗期是培育壮秆大穗和搭好优质高产骨架的关键时期，所以管理上要因地制宜看苗管理、科学运筹肥水，合理运用促控技术使各类麦田形成优质高产结构。另外，小麦拔节后，耐寒抗冻性减弱，历史上有不少地区出现小麦拔节—孕穗期遭受晚霜冻害造成减产，甚至绝收的现象。据有关气象资料统计，如豫北地区小麦拔节—孕穗期（3月中旬至4月中旬）霜冻出现的概率为十年一遇，因此，各地要密切关注天气变化，当预报最低气温低于-1℃时，及时浇水或叶面喷施微肥、抗倒剂等防护剂或熏烟，预防霜冻，确保小麦丰收。

（7）抽穗—成熟期管理技术：小麦抽穗到成熟为生育后期，包括抽穗、开花、授粉、籽粒形成与灌浆等生育过程，是形成产量和主攻品质的关键时期。此期常有高温、干旱、多雨、冰雹等灾害性天气和病虫危害出现，这会导致小麦倒伏、青干、籽粒瘪瘦变褐，产量和品质下降。为使小麦优质丰产，就要根据后期的生育特点，确定主攻目标，进行科学的田间管理，达到粒多粒饱，高产丰收。小麦抽穗—成熟期的生育特点和主攻目标：

1）生育特点：小麦从开花至成熟可分为籽粒形成，灌浆和成熟几个时期。开花后10天，为籽粒形成期，此期籽粒干物质积累缓慢，积累量仅占成熟期的20%左右。开花后10~30天为灌浆期；开花后16天左右，籽粒长度达到最大值，开始进入灌浆盛期，籽粒的干物质积累加快，积累量占成熟期70%左右。开花后30天左右进入籽粒成熟期，历时5~7天，干物质积累缓慢。多年来，河南省小麦灌浆时间短，灌浆期高温。干旱出现频率高，灾害性天气多，病虫害混合发生，造成年际间粒重不稳，且变幅较大。

2）主攻目标：抽穗—成熟期小麦主攻目标是养根护叶，保持根的活力，延长上部叶片的功能期，协调碳氮营养，促进有机物质的合成与积累，防止早衰和青干，最大限度地将储存的养分运转到籽粒中去。加强病虫害防治，保证光合器官的完整，达到穗大籽饱。

3）田间管理：

a. 适时浇好灌浆水。小麦抽穗后，气温较高，株间蒸发和叶面蒸腾较大，需水量急剧增加，所以抽穗后 5～10 天浇灌浆水，灌水量 60 吨/亩左右为好，浇水时要避开大风天气，以免倒伏。水分是光合产物向籽粒运转的溶媒和载体，通过酶的作用，将所积累的物质转化为水溶性的糖类和氨基酸转运到籽粒中，然后再合成淀粉、蛋白质等。因此，及时浇灌浆水能扩充籽粒容积，加快灌浆速度，减少小花退化，起到增粒增重，提高产量的目的。多年试验证明，灌浆期浇水愈晚，效果愈差，还会降低强筋小麦的加工品质，使籽粒蛋白质含量、面筋含量下降，面团稳定时间缩短。强筋小麦的高产田不宜浇麦黄水，因浇水后常导致地温下降植株早衰，对产量和质量产生负面影响。

b. 叶面施肥，主攻品质，增加粒重。抽穗期叶色变淡。旗叶含氮量低于干重 3%，叶绿素低于 0.5%，呈现出早衰趋势的麦田，开花至灌浆期用 1.5%的尿素溶液和 0.4%的磷酸二氢钾溶液 50 千克/亩叶面喷洒 1～2 次，能增加粒重，改善品质，减轻干热风危害。

c. 及时防治病虫害，使用高效低残留农药，逐步淘汰高毒、高残留和“三致性”（致病、致癌、致残）农药。

病害防治方法：小麦抽穗—灌浆期是赤霉病、白粉病、条锈病、叶锈病等病害交叉发生的时期，于小麦齐穗期亩用 80%多菌灵 100 克（或用 25%的氰烯菌酯悬浮剂 100 毫升）和 15%粉锈宁（三唑酮）粉剂 75 克混合，对水 40～50 千克叶面喷洒，综合防治。病害严重时，间隔 7～10 天重喷 1 次。嘧（醚）菌酯是防治小麦赤霉病、白粉病、条锈病的新型杀菌剂，要积极试用，取得经验，大面积推广应用。

虫害防治方法：麦蚜虫：当穗蚜的百穗蚜量达 500 头时用 10%的吡虫啉 20～30 克/亩，对水 40～50 千克叶面喷洒，间隔

10~15 天重喷 1 次。也可用啶虫脒和菊酯类农药进行防治。麦蜘蛛：当麦田单行 33 厘米长麦蜘蛛达 500 头时，用 20%哒螨酮乳油 60 毫升/亩，对水 40~50 千克叶面喷洒。另外，当小麦黏虫和麦叶蜂发生时，用菊酯类农药和氧化乐果进行防治。

总之，小麦抽穗—灌浆期易出现突发性病虫害和灾害性天气，要做好病虫害预防和天气预报工作，及时防治，确保小麦丰产丰收。

（8）科学确定小麦收割期：小麦进入灌浆期以后，每亩的穗数和穗粒数已经固定，粒重成为决定产量高低的唯一因素。河南小麦灌浆期的特点是：灌浆时间短，气候灾害多，不同年际间和品种间粒重变幅大。大量生产实践和科技工作者多年的试验研究都证明，确定并掌握最佳收割期和晾晒脱粒期，是增加粒重，改善品质，提高小麦发芽率、发芽势，减少籽粒脱落，保证丰产丰收的重要措施。不同收割期对小麦粒重、发芽率、发芽势的影响：

1）不同收割期对粒重的影响：据河南省小麦协作组研究，方法为割倒晾晒脱粒：小麦蜡熟中期收割平均千粒重 36.5 克，居全国首位；蜡熟末期收割，平均千粒重 35.13 克，居第二位；蜡熟初期收割平均千粒重 34.59 克，居第三位；完熟期收割平均千粒重 33.8 克，居第四位；糊熟期收割平均千粒重最低，为 33.52 克。由此可见，从提高粒重的角度出发，小麦的最佳收割期是蜡熟中期；机械收获为蜡熟末期。

2）不同收割期对小麦发芽率、发芽势的影响：小麦籽粒的发芽率、发芽势是评价小麦种子质量的重要标准。以豫麦 2 号为例，蜡熟末期收割脱粒发芽率为 95%，最高；完熟期收割脱粒为 91%，次之；蜡熟中期收割脱粒为 87%，居第三位。糊熟期收割脱粒仅 72%，达不到种子的国家标准。而发芽势则以蜡熟中期为最高，达到 71%，其他依次为蜡熟末期 61%，完熟期 52%，糊熟期 33%。

3）因地制宜科学确定小麦收割期：据收获期对小麦品质的研究结果表明，过早收获和过晚收获的小麦营养品质和加工品质均不及蜡熟末期收获的小麦品质优良，所以，从兼顾小麦籽粒产量和加工品质来看，强筋小麦最适宜的收获期在蜡熟末期至完熟初期。

上述研究表明，从提高粒重的角度出发，小麦蜡熟中期、蜡熟末期收割为好；从提高种子的质量出发，小麦蜡熟末期收割为好。因各地小麦种植面积较大，小麦的适时收割期持续时间有限，再加上收割方式不同，所以各地要根据自己的生产条件，收割机具与天气状况，科学确定收割期。具体方法是：①用大型联合收割机收割的麦田，速度较快，边割边脱粒，以蜡熟中期、蜡熟末期收割为宜。②用小型割删机收割的麦田，收割以后晾晒 2~4 天，然后脱粒，比当日脱粒的处理千粒重提高 1~2 克。所以，收割期应向前提，以蜡熟初期至蜡熟末期收割为宜。③预防灾害性天气，抢时收割。小麦成熟期密切关注天气变化，预报有雹灾和 5 级以上大风的地区，要提前收割，以免造成更大的损失。④收割时要避开雨天，以免堆闷、湿捂，引起小麦变质。⑤收割时要固定专机、专人负责，按不同品种、不同质量的小麦分别收割。收割后麦粒晒干扬净后专仓保管。

附录

附件1　新麦26强筋小麦豫北高产灌区高产优质栽培技术规程

新乡市质量技术监督局2014年11月10日发布
2014年12月1日实施

1. 范围　本规程规定了河南省豫北高产灌区新麦26强筋小麦丰产优质高效生产的品种选用、种子处理、整地播种、施肥浇水、病虫害防治、收获等配套栽培技术规范。本规程适用于河南省豫北高产灌区，其他生态条件相似的地区也可参照应用。

2. 术语和定义

2.1　豫北灌区　河南省黄河以北及其沿岸的部分县（市、区），该区土壤肥力水平较高，井渠灌溉条件好。

2.2　高产　亩产量在500千克以上。

2.3　优质　品质指标应达到国家强筋小麦标准。

3　产地要求　地势平坦，耕作层深厚肥沃，活土层25厘米以上，土体结构良好，无明显障碍因子。0~20厘米土壤有机质含量≥1.2%，全氮（N）≥0.09%，速效磷（P_2O_5）≥20毫克/千克，速效钾（K_2O）含量≥100毫克/千克。

4　主要生育指标和产量结构指标

4.1　各主要生育期壮苗指标

4.1.1　越冬期幼穗分化进入单棱期至二棱初期，主茎叶龄6~7片叶，单株分蘖3~5个，单株次生根8~10条，分蘖缺位率低于15%。

4.1.2 返青期幼穗分化进入二棱末期，主茎叶龄6叶1心或7叶1心，单株分蘖6个以上，次生根10条以上。

4.1.3 拔节期幼穗分化至药隔分化期，主茎叶龄9~10片叶，节间总长度5~8厘米。各生育期植株生长健壮，无病虫。

4.2 群体动态指标 亩基本苗18万~20万，越冬期群体75万~80万，春季最高群体不超过90万，成熟期亩成穗40万~45万。

4.3 产量结构指标 亩成穗数40万~45万，穗粒数30~35粒，千粒重40~48克。

4.4 各生育时期田间管理目标

4.4.1 冬前及越冬期管理目标：在苗全苗匀基础上，促根增蘖，促弱控旺，培育壮苗，保苗安全越冬。

4.4.2 返青—抽穗期管理目标：因地因苗分类管理，促弱控旺转壮，及时防治病虫草害，保苗稳健生长，构建高质量群体，培育壮秆大穗，为防倒伏打好基础，搭好丰产架子。

4.4.3 抽穗—成熟期管理目标：养根护叶，延缓植株衰老，防病虫，防干热风、延长叶片功能期，提高粒重，适时收获，防止穗发芽。

5 栽培技术

5.1 播前准备

5.1.1 精选种子 选用精选后的合格种子，种子纯度≥99.0%，净度≥99.0%，发芽率≥85%，水分≤13%，晴天晒种1~2天。

5.1.2 种子包衣或药剂拌种 根据当地主要病虫种类，选择对路种衣剂或拌种剂，按推荐剂量进行种子包衣或药剂拌种，尤其要注意根部和茎基部病害，如纹枯病、全蚀病、根腐病、孢囊线虫病等的防治。条锈病、纹枯病、腥黑穗病等多种病害重发区，可选用戊唑醇（2%立克秀干拌剂或湿拌剂，或6%亮穗悬浮种衣剂）或苯醚甲环唑（3%敌萎丹）悬浮种衣剂、氟咯菌腈（2.5%适乐时）悬浮种衣剂；小麦全蚀病重发区，可选用硅噻菌胺（12.5%全蚀净）悬浮剂或苯醚甲环唑+氟咯菌腈悬浮种衣剂；小麦黄矮病和丛矮病发生区，可用吡虫啉拌种。防治蝼蛄、蛴螬、金针虫等地下害虫，可选用40%甲基异柳磷乳油或40%辛硫磷乳油进行药剂拌种。多种病虫混发区，采用杀菌剂和杀虫剂各计各量混合拌种或种子包衣。

5.1.3　土壤处理　地下害虫重发区每亩可用40%辛硫磷乳油或40%甲基异柳磷乳油0.3千克，加水1~2千克，拌细土25千克制成毒土，犁地前均匀撒施地面，随犁地翻入土中。

5.2　精细整地

5.2.1　秸秆还田与播前造墒前茬玉米收获后及早粉碎秸秆，秸秆切碎长度≤10厘米，均匀撒于地表，用大型拖拉机耕翻入土，耙耱压实。如播种前遇旱，土壤墒情不足时，应根据“宁可稍晚播几天，也要保证足墒播种”的原则及时浇灌底墒水，确保播种时耕层0~20厘米土壤含水量壤土达到16%~18%、两合土18%~20%、黏土20%~22%，适期足墒播种。

5.2.2　科学施肥

5.2.2.1　施肥原则

（1）实施秸秆还田，尽量增施有机肥，提倡有机、无机肥配合。

（2）氮肥总量控制、分期调控，合理分配氮肥基追比例。

（3）磷、钾肥依据土壤丰缺状况实行恒量监控；中微量元素因缺补缺；小麦玉米一年两熟种植区应增加磷肥施用量。

5.2.2.2　施肥建议

（1）亩施纯氮（N）16~18千克，磷肥（P_2O_5）8~10千克，钾肥（K_2O）5~8千克。对土壤有效锌含量低于0.5毫克/千克的麦田，可亩施硫酸锌 1~2 千克；对土壤有效硼含量低于 0.5 毫克/千克的麦田，可亩施硼肥 0.2~0.4 千克。

（2）大力推广化肥深施技术，应将有机肥、磷、钾肥、锌肥（微量元素肥）和氮肥的 50%~60%施作底肥，一般选择含量范围为氮（N）20~25 千克、磷（P_2O_5）10~18 千克、钾（K_2O）5~8 千克的复合肥 50 千克/亩（具体含量应根据当地土壤养分指标选择）。第二年春季在小麦起身拔节期再追施剩余的 50%~40%氮肥（10~15 千克尿素）。对于连年秸秆还田的地块可少施钾肥。

5.2.3　整地　按照“秸秆还田必须深耕，旋耕播种必须耙实”的要求，提倡大型机械深耕，耕深 25 厘米以上，耕后机耙 2~3 遍，除净根茬，粉碎坷垃，达到上虚下实，地表平整；旋耕播种麦田要旋耕 2 遍，旋耕深度 15 厘米左右，并要耙实，达到人走在土壤上面不感到松软的标准。连续旋耕 2~3 年的麦田必须深耕或深松一次，以打破犁底层。

根据播种机播幅做好畦埂，以便灌溉。一般畦长 30~50 米、畦宽 2.8~2.9 米，地面坡降控制在 1/1 000 以内。

5.2.4　播种期土壤墒情指标

5.2.4.1　麦播时 0~10 厘米土层最适宜出苗的土壤含水量为田间持水量的 70%~80%，高于 85%或低于 60%均不利于全苗和齐苗。

5.2.4.2　适宜的底墒指标为 0~100 厘米土体土壤含水量占田间土壤持水量的 85%以上；或 9~10 月的降水量达到 180 毫米以上。若小麦播种时低于这两个指标，则为底墒不足，应在播前 10~15 天施肥、耕翻后进行灌水造墒，一般亩浇水量以 60~80 立方米为宜。

5.2.5　播种

5.2.5.1　播种期　适宜播期为 10 月 10~15 日。

5.2.5.2　播种量　在适期播种范围内，每亩基本苗控制在18万~20万，一般亩播量9~10千克。如遇墒情较差、延误播期及整地质量较差等，可适当增加播种量。一般每晚播3天亩播种量增加0.5千克，但每亩播量最多不能超过15千克。

5.2.5.3　播种方式　采用宽窄行或窄行等行距播种。高产田块采用17厘米等行距，或15厘米×20厘米宽窄行种植。

5.2.5.4　播种深度　播种深度以3~4厘米为宜（严禁播种过深），做到深浅一致，落籽均匀。播前没有镇压的，在播种后根据墒情可适当镇压。墒情不足，准备种后浇蒙头水的地块，播种要浅，深度不超过2厘米。

6　田间管理技术

6.1.1　冬前及越冬期管理

6.1.1.1　及时浇水　对于口墒较差、出苗不好的麦田尽早浇水；对整地质量差、土壤暄松的麦田先镇压后浇水；对晚播且口墒较差的麦田播后及时浇蒙头水，保证出苗均匀整齐。

6.1.1.2　查苗补种　出苗后及时检查出苗情况，对缺苗断垄（10厘米以上无苗为“缺苗”；17厘米以上无苗为“断垄”）的地方，用种子浸种至露白后及早补种；或在小麦3叶期至4叶期，在同一田块中堆苗或稠密处选择有分蘖的带土麦苗，移栽至缺苗处。移栽时覆土深度要掌握上不压心，下不露白。补苗后压实土壤再浇水，并适当补肥，确保麦苗成活。

6.1.1.3　适时中耕　每次降雨或浇水后要适时中耕保墒，破除板结，灭除杂草，促根蘖健壮生长。对群体偏大、生长过旺的麦田，可采取深中耕断根或镇压措施，控旺转壮，保苗安全越冬。

6.1.1.4　肥水管理

（1）对整地质量高、底肥充足、生长正常、群体和土壤墒情适宜的麦田冬前一般不再追肥浇水。

（2）对底肥施用不足，有缺肥症状的麦田，应在冬前分蘖盛期，结合浇水每亩追施尿素 8~10 千克。

（3）对秸秆还田、旋耕播种、土壤悬空不实或缺墒的麦田必须进行冬灌，保苗安全越冬。冬灌时间一般在日平均气温 3℃左右时（夜冻日消）进行，在上大冻前完成。浇后及时划锄松土保墒。

6.1.1.5 防治病虫草害 苗期发现蛴螬、金针虫等地下虫危害较重的麦田，每亩用40%甲基异柳磷乳油或50%辛硫磷乳油500 毫升加水 750 千克，顺垄喷灌。

11 月中旬至12 月上旬，小麦 3~4 叶期，杂草 2 叶 1 心至 3 叶期进行防治杂草。野燕麦、看麦娘、黑麦草等禾本科杂草，每亩用 6.9%骠马乳油 60~70 毫升加水进行叶面喷雾防治；节节麦、雀麦可用 3%世玛每亩 30 克或 3.6%阔世玛每亩 20 克喷雾；防治播娘蒿、荠菜、猪殃殃等阔叶类杂草，每亩可用 75%苯磺隆（阔叶净、巨星）干悬浮剂 1.0~1.8 克，或 10%苯磺隆可湿性粉剂 10 克，或 20%使它隆乳油 50~60 毫升加水 30~40 千克，均匀喷雾。

6.1.2 返青—孕穗期管理

6.1.2.1 浅中耕 早春浅中耕松土，提温保墒，弥实裂缝，破除板结，灭除麦田杂草，促苗早发稳长，抑制春蘖过多滋生，促进根系和个体健壮生长。

6.1.2.2 看苗分类管理

（1）对返青期亩群体 80 万以上，叶色浓绿，有旺长趋势的麦田，采取深耘断根，或起身前每亩用 15%多效唑可湿性粉剂 90 克（加 50%多菌灵 100 克），加水 25~30 千克均匀喷洒，控旺防倒。拔节中后期（基部第一节间固定，第二节间伸长 1 厘米以上时）结合浇水亩施尿素 10 千克。

（2）对返青期亩群体 70 万左右，麦苗青绿，叶色正常，根系和分蘖生长良好的壮苗麦田，起身前每亩用15%多效唑可湿性粉剂80克（加50%多菌灵100克），加水25~30千克均匀喷洒。拔节中后期（基部第一节间固定，第二节间伸长1厘米以上时）结合浇水亩施尿素10~12千克。

（3）对返青期亩群体在60万以下、叶色较淡的麦田，起身初期每亩用15%多效唑可湿性粉剂60克（加50%多菌灵100克），加水25~30千克均匀喷洒，结合浇水每亩追施尿素12~15千克，促弱转壮。

6.1.2.3　预防“倒春寒”和低温冷害　小麦拔节后遇最低气温低于2℃的寒流天气，要及时浇水，预防冻害发生。寒流过后，及时检查幼穗受冻情况，发现茎蘖受冻死亡的麦田要及时追肥浇水，一般每亩追施尿素5~10千克，促其尽快恢复生长。

6.1.2.4　防治病虫草害

（1）返青期是麦田杂草防治的有效补充时期，对冬前未能及时除草而杂草又重的麦田，此期应及时进行化学药剂除草，每亩用20%二甲四氯钠盐水剂150毫升加20%使它隆乳油25~35毫升加水喷雾；对硬草、看麦娘等禾本科杂草和阔叶杂草混生田块，每亩用36%禾草灵乳油145~160毫升加20%溴苯腈乳油100毫升，或6.9%骠马水剂50毫升，加20%溴苯腈乳油100毫升，加水均匀喷雾。

（2）白粉病：每亩用15%三唑酮可湿性粉剂80~100克，或12.5%烯唑醇（禾果利）可湿性粉剂40~60克，加水50千克均匀喷雾防治。

（3）根腐病、全蚀病、纹枯病：3月中旬至4月上旬，当发病麦田病株率达到15%时，每亩用12.5%烯唑醇（禾果利）可湿性粉剂20~30克，或15%三唑酮可湿性粉剂100克，或25%丙环唑乳油30~35毫升，加水50千克喷雾，隔7天再施一次药。注意加大水量，将药液均匀喷洒在麦株茎基部，以提高药效。

（4）蚜虫、麦蜘蛛：当麦田点片有麦圆蜘蛛 600 头/米或麦长腿蜘蛛 300 头/米时，可用 1.8%阿维菌素乳油 8~10 毫升/亩，加水 40 千克喷雾防治。蚜虫达到 200 头/百株时，每亩可用 50%抗蚜威可湿性粉剂 10~15 克，或 10%吡虫啉可湿性粉剂 20 克加水喷雾进行挑治。

6.1.3　抽穗—成熟期管理

6.1.3.1　适时浇好（开花）灌浆水　扬花期或籽粒灌浆初期选择无风天气进行小水浇灌，此后一般不再灌水，严禁浇麦黄水。

6.1.3.2　叶面喷肥　抽穗至灌浆前中期，每亩用尿素 1 千克，磷酸二氢钾 0.2 千克加水 50 千克进行叶面喷洒（可以结合其他喷药同时进行），预防干热风和延缓衰老，增加粒重，提高品质。

6.1.3.3　防治病虫害

（1）抽穗至扬花期：预防锈病、白粉病，赤霉病、蚜虫、吸浆虫。采用杀虫剂和杀菌剂各计各量，混合喷药，综合防治。

小麦条锈病、白粉病、叶枯病：每亩可用 15%三唑酮可湿性粉剂 80~100 克，或 12.5%烯唑醇（禾果利）可湿性粉剂 40~60 克，或 25%丙环唑乳油 30~35 克，加水 50 千克均匀喷雾防治，间隔 7~10 天再喷药 1 次。

小麦赤霉病：小麦抽穗扬花期若天气预报有 3 天以上连阴雨天气，每亩可用 50%多菌灵可湿性粉剂 100 克，或多菌灵胶悬剂、微粉剂 80 克加水 50 千克喷雾。如喷药后 24 小时遇雨，应及时补喷。

小麦吸浆虫：小麦抽穗 70%（含麦穗露脸）时进行穗期保护喷药。孕穗—抽穗初期，用手轻轻扒开麦株，看到 2~3 头成虫在飞时就需要进行防治。在上午 9 时前或下午 5 时后进行喷药。主要喷匀穗部。虫口密度大的田块，在小麦抽穗 70%至扬花前喷药 2 次。药剂选择：40%毒死蜱乳油 50~75 毫升/亩，或 40%氧化乐果乳油 100 毫升/亩，加水 50 千克对穗部喷雾。

（2）灌浆期：灌浆期是白粉病、锈病、蚜虫、黏虫等多种病虫重发、叠发的高峰期，采用杀虫剂和杀菌剂各计各量，混合喷药，综合防治。每亩可用15%三唑酮可湿性粉剂100克，或12.5%烯唑醇（禾果利）可湿性粉剂40~60克，或25%丙环唑乳油30~35克，或30%戊唑醇悬浮剂10~15毫升加10%吡虫啉可湿性粉剂20克，或40%毒死蜱乳油50~75毫升加水50千克喷雾。上述配方中再加入磷酸二氢钾150克可以起到防干热风、促进灌浆增加粒重的作用。

6.1.3.4　适时收获　联合收割机收割的适宜收获期为完熟初期，此时籽粒呈现品种固有色泽，含水量降至13%以下。

附表1　我国小麦与美国、加拿大小麦主要品质性状比较

品种类别	蛋白质含量（%）	出粉率（%）	湿面筋含量（%）	形成时间（分钟）	稳定时间（分钟）	最大抗拉伸高度（EU）	延伸性（厘米）	面积（平方厘米）
中国平均	14.2	72.4	31.8	2.4	3.4	267.7	16.9	63.5
冬小麦	14.3	72.4	31.9	2.4	3.3	251.1	16.9	60.0
春小麦	14.2	72.5	31.6	2.7	3.6	314.1	16.8	73.2
美国小麦								
美国硬红冬麦	12.4	—	27.8	5.8	12.1			
美国硬红春麦	15.0	—	34.9	10.0	16.8		23.8	136.0
软白麦	9.3	—	21.3	1.6	3.1		15.5	54.0
加拿大西部								
硬红春	14.5	76.0	34.8	5.75	10.25	480	24.0	155.0
硬红冬	12.0	76.1	33.5	4.75	8.0	440	23.0	140.0
超强筋	13.0	75.0	30.6	—	—	720	25.0	240.0

数据来源：美国小麦协会《2003农作物质量报告》

附件2　新麦26品种简介

新麦26是河南省新乡市农业科学院以新9408E1作母本，济南17作父本杂交，利用高分子麦谷蛋白亚基标记，优良低分子麦谷蛋白亚基互补和聚合，5+10高分子麦谷蛋白亚基累加，育成了超强筋半冬性中熟多穗型小麦新品种新麦26号，是国家科技支撑计划和河南省重大科技专项最新研究成果。

（1）超强筋新麦26号品质达到国标一级强筋小麦标准，同时达到郑州商品交易所强筋小麦交割标准。品质稳定性好，年度间受气候及栽培条件影响较小。

（2）特征特性：幼苗半匍匐，长势旺，叶色浓绿，抗寒性好。分蘖力较强，成穗率高，亩成穗数多。株高75厘米左右，抗倒伏能力强。株形较紧凑，穗层整齐，旗叶短宽、平展，株行间通风透光性好。产量三要素协调，平均亩成穗43万，穗粒数33.5粒，千粒重45～48克。纺锤穗、长芒、白粒，籽粒角质、均匀、饱满，无黑胚，外观商品性好。

（3）高产：2008年国家黄淮南片冬水A组区试，平均亩产534.6千克，比对照新麦18减产2%，不显著。2009年国家黄淮南片冬水A组区试，平均亩产531.4千克，比对照1新麦18增产5.87%，达极显著水平；比对照2周麦18减产1.2%，不显著。两年区试平均亩产533千克，平均比对照新麦18增产1.94%，比对照周麦18减产1.2%。

2010年6月12日，河南省科学技术厅组织专家对新乡市农业科学院设在辉县孟庄镇高村的小麦品种新麦26“千亩方”的产量进行现场机收实打测产验收，产量结果为613.3千克/亩（含水量12.5%），产量结构调查结果：亩穗数45.2万，穗粒数32.5粒，千粒重48克。

附表2　新麦26品质测试汇总

年份	数据来源	硬度指数	容重（克/升）	蛋白质（%）	湿面筋（%）	沉淀指数（毫升）	吸水率（%）	稳定时间（分钟）	拉伸面积（平方厘米）	延伸性（毫米）	最大抗延阻力（EU）	面包体积（立方厘米）	面包评分
2008	国家区试(混合样)	64.0	784	15.46	31.3	63.0	63.2	16.1	158	189	628		
2009	国家区试(混合样)	67.5	788	16.04	32.3	70.9	65.6	38.4	194	164	898		
2009	农业部中国质量报告	66.7		16.4	33.1		65.5	25.0	184	192	743	905	93
	平均	66.1	786	16.0	32.2	67.0	64.8	26.5	179	182	756	905	93

（注：测试单位为农业部谷物品质监督检验测试中心）

（4）抗病性较强：田间自然发病：高抗条锈病，中抗纹枯病和叶枯病，中感白粉病。中国农业科学院抗病性接种鉴定：2008 年结果，（高）抗纹枯病、中抗赤霉病，中感条锈病，慢叶锈病，高感白粉病；2009 年结果，高抗条锈病、中抗叶锈病和纹枯病，高感白粉病和赤霉病。

（5）栽培技术要点：适宜河南、河北、江苏、安徽、陕西、鲁西南等广大黄淮麦区高中肥水，旱中茬地种植。

播期播量：豫北 10 月 8~15 日播种，播量 7~10 千克/亩。

肥水管理：秸秆还田地块要浇好踏墒水和压根水，12 月下旬浇好越冬水，在 3 月底 4 月初拔节末期结合浇水亩追尿素 10 千克；适时浇好灌浆水。

病虫害防治：孕穗期用氧化乐果加三唑酮防治病虫害。灌浆期用氧化乐果、1%尿素、0.3%磷酸二氢钾治蚜虫和防干热风。

附表 3　小麦主要病虫草害推荐使用农药及其安全使用标准

病虫种类	药剂	使用方法	使用剂量	安全使用期
地下虫	50%辛硫磷乳油	拌种	20 毫升/10 千克	播种期
	5%乐斯本颗粒剂	土壤撒施	100~150 克/亩	
纹枯病	2.5%适乐时 FS	包衣	10~20 毫升/10 千克	
	2%立克秀 WG	包衣	10~20 克/10 千克	
	12.5%烯唑醇 WP	拌种喷雾	10 克/10 千克，2 000 倍	返青—拔节期
	25%纹枯净 WP	喷雾	1 000 倍	
	20%敌力脱 EC	喷雾	2 000 倍	
白粉病	12.5%烯唑醇 WP	喷雾	2 000 倍	孕穗—灌浆期
	15%三唑酮 WP	喷雾	1 000 倍	
	25%敌力脱 EC	喷雾	2 000 倍	
	43%戊唑醇 SE	喷雾	4 000 倍	

续表

病虫种类	药剂	使用方法	使用剂量	安全使用期
锈病	40%福星 EC	喷雾	4 000 倍	发病初期
	25%腈菌唑 WP	喷雾	2 000 倍	
	12.5%烯唑醇 WP	喷雾	2 000 倍	
	43%戊唑醇 SC	喷雾	4 000 倍	
赤霉病	50%多菌灵 WP	喷雾	800 倍	抽穗—扬花期
蚜虫	10%吡虫啉 WP	喷雾	2 000 倍	
	3%啶虫脒 EC	喷雾	2 000 倍	
	5%氯氰菊酯 EC	喷雾	3 000 倍	
	2.5%溴氰菊酯 EC	喷雾	2 000 倍	
	50%抗蚜威 WP	喷雾	10~15 克/亩	
红蜘蛛	15%哒满灵 EC	喷雾	15~20 毫升/亩	拔节至抽穗期
	2%灭扫利 EC	喷雾	20~30 毫升/亩	
黑胚病	43%麦叶净 WP	喷雾	600~800 倍	扬花后 5~10 天
	12.5%烯唑醇 WP	喷雾	1 500 倍	
禾本科草	60% 丁草胺 EC + 25% 绿麦隆 WP	喷雾	50 毫升+150 克/亩，加水 750 千克	小麦播后苗前
	6.9%骠马 EW	喷雾	60~70 毫升/亩	杂草二叶—分蘖期
	3%世玛	喷雾	30 克/亩	
阔叶草	40%快灭灵 DF	喷雾	4~5 克+水 40 千克/亩	分蘖期—返青期
	20%使它隆 EC	喷雾	150~60 毫升/亩	
	10%苯磺隆 WP	喷雾	10~15 克/亩	
	75%杜邦巨星 DF	喷雾	1~1.3 克/亩	
	20%二甲四氯 AC	喷雾	250~300 毫升/亩	

注：WP-可湿性粉剂；EC-乳油；FS-悬浮种衣剂；AC-水剂；DF-干悬浮剂；EW-浓乳剂；SC-悬浮剂

附表 4 小麦生产中禁止使用的农药种类

农药种类	农药名称	禁用原因
无机砷杀虫剂	砷酸钙、砷酸铅	高毒
有机砷杀菌剂	甲基胂酸锌、甲基胂酸铁铵（田安）、福美甲胂、福美胂	高残留
有机锡杀菌剂	薯瘟锡（三苯基醋酸锡）、三苯基氯化锡、毒菌锡、氯化锡	高残留
有机汞杀菌剂	氯化乙基汞（西力生）、醋酸苯汞（赛力散）	剧毒高残留
有机杂环类	敌枯双	致畸
氟制剂	氟化钙、氟化钠、氟乙酸钠、氟乙酰胺、氟铝酸钠、氟硅酸钠	剧毒、高毒、易药害
有机氯杀虫剂	DDT、六六六、林丹、艾氏剂、狄氏剂、五氯酚钠、氯丹、毒杀芬、硫丹	高残留
有机氯杀螨剂	三氯杀螨醇	高残留
卤代烷类熏蒸杀虫剂	二溴乙烷、二溴氯丙烷	致癌、致畸
有机磷杀虫剂	甲拌磷、乙拌磷、久效磷、对硫磷、甲基对硫磷、甲胺磷、治螟磷、蝇毒磷、水胺硫磷、磷胺、内吸磷甲基环硫磷、杀叶磷	高毒
氨基甲酸酯杀虫剂	克百威（呋喃丹）、涕灭威、灭多威	高毒
二甲基甲脒类杀虫杀螨剂	杀虫脒	慢性毒性致癌
取代苯类杀虫杀菌剂	五氯硝基苯、稻瘟醇（五氯苯甲醇）、苯菌灵（苯莱特）	致癌或二次药害

续表

农药种类	农药名称	禁用原因
二苯醚类除草剂	除草醚、草枯醚	慢性毒性
其他	乙基环硫磷、灭线磷、胺磷、克线丹、磷化铝、磷化锌、磷化钙、硫丹	药害、高毒

主要参考文献

［1］王绍中，田云峰．河南小麦栽培学．北京：中国农业科学技术出版社，2010.

［2］尹钧．小麦标准化生产技术．北京：金盾出版社，2007.

［3］雷振生．河南优质小麦规范化栽培技术．郑州：中原农民出版社，2008.

［4］赵广才．小麦生产配套技术手册．北京：中国农业出版社，2012.

［5］赵广玉，许化民．小麦优质高产配套栽培技术．济南：山东科学技术出版社，2008.

［6］刘现贞．农作物优质高产栽培技术．郑州：河南科学技术出版社，2010.

［7］赵虹．小麦良种及配套技术问答．北京：中国农业科学技术出版社，1998.